U0188131

好奇心书系

昆虫之美

勐海寻虫记

李元胜 著

重庆大学
出版社

图书在版编目（ＣＩＰ）数据

昆虫之美 . 勐海寻虫记 / 李元胜著 . -- 重庆：重
庆大学出版社 , 2019. 9（2019.12 重印）
（好奇心书系）
ISBN 978-7-5689-1723-0

Ⅰ . ①昆… Ⅱ . ①李… Ⅲ . ①昆虫学—普及读物
Ⅳ . ① Q96-49

中国版本图书馆 CIP 数据核字 (2019) 第 151901 号

昆虫之美：勐海寻虫记
KUNCHONG ZHI MEI: MENGHAI XUN CHONG JI

李元胜　著

策划编辑　梁　涛
责任编辑　夏　宇
责任校对　王　倩
责任印制　赵　晟
装帧设计　鲁明静
内文制作　常　亭

重庆大学出版社出版发行
出版人　饶帮华
社址　（401331）重庆市沙坪坝区大学城西路 21 号
网址　http://www.cqup.com.cn
印刷　天津图文方嘉印刷有限公司

开本：720mm×1000mm　1/16　印张：13　字数：181 千
2019 年 9 月第 1 版　　2019 年 12 月第 2 次印刷
ISBN 978-7-5689-1723-0　　定价：68.00 元

本书如有印刷、装订等质量问题，本社负责调换

版权所有，请勿擅自翻印和用本书制作各类出版物及配套用书，违者必究

作者说

　　这一次，我无比相信这些谦逊而伟大的生命，和我有着相同的来源，只是经历了不同的进化而延续至今。我们是同一本书的灿烂篇章，有时隔着高山大海，有时，在某个山谷擦肩而过。终于有机会和它们同处于此刻，我激动得有点手足无措，仿佛突然置身于一个奇异恩典之中。

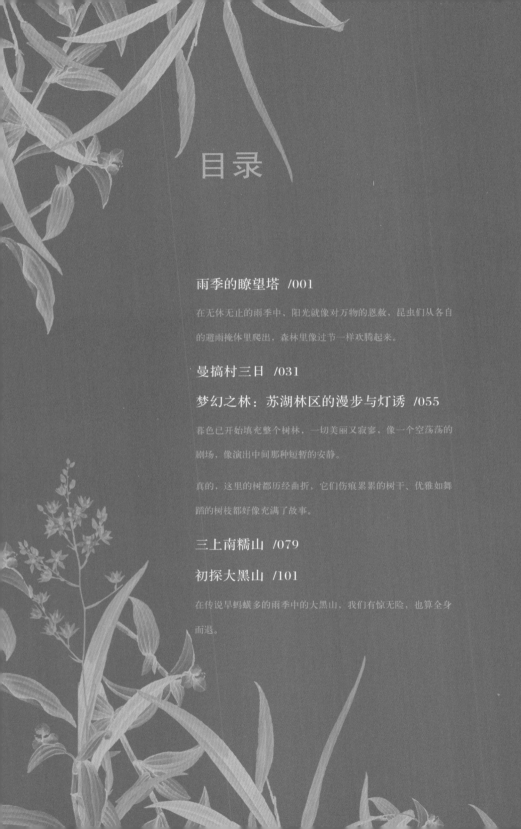

目录

栗山天牛

01

Chapter one

雨季的瞭望塔

　　七月底的一个深夜，飞机降落景洪，迎接我的是一场豪雨。从机场开往勐海的路上，好几处行车如行舟，车灯下，路面积水给人以无边泽国的错觉。此行的目的地是西双版纳国家级自然保护区的曼稿子保护区——我在西双版纳田野考察的空白板块。

　　对我来说，西双版纳是一个有着无穷吸引力的地方。最为奇妙的是，一年四季，任何时候来到西双版纳，进入它的丛林，或者漫步在中国最棒的植物园——勐仑的中科院西双版纳热带植物园，都有令人目不暇接的奇妙之物。所以近十多年里，重庆至西双版纳是我的出行热线，我无数次往返其

负泥虫

间。刚开始，我多在西双版纳原始森林公园、野象谷、望天树、雨林谷这样的景区里活动，慢慢地，越来越无法忍受公园里穿行的人流，逐渐喜欢上了在三岔河、勐腊保护区附近的乡村小道上进行田野考察。这些地方虽然行走不便，但昆虫和植物都处在自然状态，我工作的时候不会受到好奇游客的打扰。另外一个好处，是可以偶遇本地的村民并与之交流，甚至去到他们家里聊天，这是田野调查的另一部分，也特别有趣。

在他们的描述中，你能知道很多重要的信息。比如在橄榄坝的渡口，一个老者详细讲述了这一带 20 世纪 80 年代的情景，有时，蝴蝶多得像天上的云团降落到了人间，一起行走的人，互相都看不清楚脸了。这是多么令人神往的场景啊，可惜，他也好多年不见了。在我的详细询问中，通过蝴蝶的颜色、大小等信息，这种席卷而来的蝶群，很可能是一种迁粉蝶。在旱季的山谷里，我看到过小规模的铁木迁粉蝶群聚，它们在溪畔、水田的角落贪婪地吸食水分，被路人惊起，不过几分钟，又雪花般地纷纷降落。

如果把我的田野考察线路集中在一张地图上，必定会出现这样的情景，绝大多数轨迹都围绕着西双版纳国家级自然保护区的五个子保护区，以勐养、勐仑、勐腊这三个子保护区最为集中。尚勇子保护区也有一些线路上的交集。唯有位于勐海的曼稿子保护区，留下了绝对的空白。我也询问了活跃在云南的以昆虫摄影为主的微距家，比如思摩，他拍的云南蝴蝶数量多达400种，而且质量很高。他主要拍摄地区在普洱，在西双版纳自治州工作期间，也多次去往各保护区拍摄，但曼稿保护区没有去过。曼稿还真是多数昆虫爱好者和摄影师尚未涉足的处女地。

第二天，上午有过短暂的晴朗，甚至，间或还有阳光洒在勐海的街上。但是，中午之后，乌云重新占据了我们头顶的天空，阵雨突至。这是雨季的日常，勐海人已司空见惯，街上并没有慌乱避雨的人。街边的小叶榕，还特别满足于这无休无止的雨水，雨季给它们穿上了斑斓的由各种附生植物编织的衣裳。

在勐海县摄影家佐连江的陪同下，我们去位于景洪的保护区管理局办好手续，其时已是下午，雨还没有停下的意思。我决定按原计划去往曼稿保护区，也学习着雨季里勐海人的淡定，甚至心里略有街边小叶榕的欢喜。除不便拍摄及行动的困难，雨中的丛林，展现的正是一年中最有代表性的篇章啊。也许蝶类会在大雨中过早凋落，但也会有一些生命迎来它们的美好时刻。雨季是万物生长的季节，植物们安然领受上苍的恩宠，昆虫们也一定有各自的避雨术。我想，雨中的丛林，也一定有很多我没有观察过的精彩细节吧。

车向着曼稿保护区方向行进时，雨渐渐停了。车窗外掠过一大片开阔的旷野，感觉这一带的海拔比县城还低点。躲了一下午雨的蜻蜓（估计是黄蜻），在田野上飞着，成群结队，数量惊人，像战斗机编队一会儿俯冲，一会儿拉升。它们所到之处，蚊虫一定被扫荡得干干净净。没有看到一只蝴蝶，它们难道不趁着天晴，出来晾晒一下翅膀？

勐阿管护站很快就到了，原来离县城如此之近，不过半小时车程。虽然近，但周围的植被却非常好，乔木、灌木混杂成林，各种藤蔓疯狂生长，与沿途的农耕区形成很大的反差。这里的标志是山丘上的一个瞭望塔，高 30 米。到了塔下，发现它其实坐落在一个收拾得很好的院子里，这个院子就是勐阿管护站了。

当地干部带我进到院内，介绍我认识了驻守管护站的工作人员老潘。他是一个强壮的傣族汉子，据说选中他来做护林员，是因为他强壮的身体像泰森，长得也有点像。茫茫林海，还真得有这么一条好汉来威

勐阿管护站及瞭望塔

瞭望塔上远眺

慑八方。

　　我迫不及待地登上塔顶，眼前的景致让我大吃一惊。瞭望塔位于曼稿原始森林的北方边界的高地，站在上面，三面是森林，身后的一面是通往几个寨子的公路。视野里，几公里外的远处，原始森林神秘而繁茂，近处的森林由原始次生林和人工林混合而成，它们之间有一个开阔的低谷。其时，雨后的云雾，弥漫于低谷中，有些树林露出树梢，有些则完全隐没于烟云中。不远处的寨子，也在相对稀薄的烟雾中时隐时现，一切宛如一幅巨大的油画。

　　难得的天晴，让我恨不得一步踏上院外的林间小径。所以，匆匆吃过饭后，我就拿着手电筒，背上相机，开始了夜色中的探访。

　　和白天的满眼绿意比起来，夜晚的丛林是另一部奇妙之书。而且，你永远不可能一眼看到它的全貌。我偏好的阅读方式是用手电筒的强光，一行一行地阅读。那些在黑暗中被照亮的部分，显眼而又安静。就连昆虫，也会顺从于这样的秩序，黑暗给了它们更多的安全感，这可以

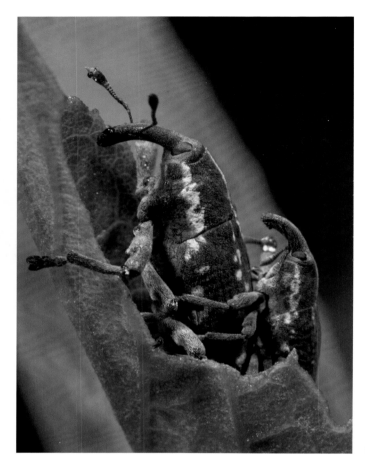

交配中的简喙象

大大方便我的拍摄。

在手电筒光的扫描下，丛林里的小精灵暴露无遗。首先被扫描出来的是象甲家族。在小道路口的灌木丛中，我陆续发现了三种象甲：两对不知名的象甲正在交配，其中一对全身漆黑，另外还有一只橙红色的卷象。然后是一只残破的斑粉蝶停在较高的地方。

前面几种我不急于拍，斑粉蝶我还够不着。犹豫了一下，继续朝前面走。突然，左边灌木中一小截枯枝吸引了我的注意力，即使仅用眼角的余光，我也能感觉到它的蹊跷。它直挺挺地侧立于树枝上，与树枝平行，很有悬浮在空气中的感觉。我定睛一看，哪里是什么枯枝，分明是

中华鼻蜡蝉

一只罕见的蜡蝉。只见它全身布满了锈斑，翅色灰白，这样的搭配看起来像火龙果的果肉。然而，在这精彩的伪装下，它的翅脉和长喙边缘却有着骄傲的金黄色线条。毫无疑问，这是一只中华鼻蜡蝉，很受昆虫爱好者喜欢的物种，我还是第一次在野外遭遇。它果然非常警觉，我刚拍几张，它就腾空而起，像一朵不断闪烁的银色小花，越飞越高。

有很久，我还站在那里一动不动，享受着这次意外的相遇以及它的飞离。它飞起的时候，比想象还要美。我想象这个场景已经有些年了。蜡蝉科和象蝉科的物种中，有三个长鼻子（其实是前额向前突出，这样的额头，还真是外星人才有的气质吧）的家伙我特别喜欢，它们是龙眼鸡、中华鼻蜡蝉和瘤鼻象蜡蝉。龙眼鸡我在广东、福建和海南多次遭遇，每次见到都很惊喜，自从有人把这美丽的昆虫作为食物，近几年很难见到了。瘤鼻象蜡蝉分布较广，重庆也有，它的长鼻子还有些奇怪的造型。唯有这中华鼻蜡蝉，据说分布也广，但就是见不着。这一次终于如愿了。

鼻蜡蝉的警惕是对的，黑夜里同样充满了危险，在手电筒光的扫描下，各种猎手陆续现身。数量比较多的是盲蛛，由于视力退化，对它们来说白天和黑夜没什么区别，树干、树叶、长满青苔的泥土上随处可见，我至少看到了三种。盲蛛属蛛形纲盲蛛目，食性杂，有部分盲蛛是强有力的昆虫猎手。同属蛛形纲的蜘蛛也不少，我找到两种蟹蛛和一种游蛛，不过，数量最多的是络新妇，这种艳丽的织网蛛在这一带是优势物种。昆虫里的猎手，也不少，螳螂若虫我发现了好几只，它们对手电筒光并不畏惧，有的还好奇地探出了前足，试图和陌生的对手较量一番。另一种精致的猎手是猎蝽，不过晚上它们很安静，待在叶子上一动不动。

在林间走着，呼吸着潮湿的空气，倒是一点也不寂寞，因为各种声音相当丰富。螽斯的声音大到刺耳，我很好奇是哪一种螽斯声音这么洪亮，循声找了半天，一只也没有找到，倒是找到一只鸣叫着的蝉，在

革红脂猎蝽，颜色丰富，最大的特点是前翅革片红色

壮观的大蜜蜂巢群 薛云摄

树叶一侧露出刺蛾幼虫,这货可不好惹,
我小心地避开它吧

灯诱来的芒果天蛾

一根小枝条上颤动着。远处,还有鸟鸣,不知种类,声音弱弱的,听上去似乎有点心怀委屈。然后,我听到了"唰唰"的声音,雨来了,击打着树冠的枝叶,发出柔和而无边的轰鸣声。树林里的雨,有一个延迟效应,至少要五分钟后,雨水才能彻底穿透树冠层,落到地面上。当然,如果是阵雨骤停,也不能马上进树林里去,因为外面停了,里面还得下上十几分钟呢。

我不慌不忙往回走,走回小院的时候,雨已经相当大了。

夜里躲雨的竹节虫，依稀能看到翅芽

本该躲在墙角的壁虎，暴雨中慌不择路，竟爬到了草叶上

接近午夜时，雨基本停了，我又打着手电筒出去巡视了一圈，想知道雨里昆虫们是如何避雨的。我发现只有部分昆虫躲到了叶子背面，多数在原地发呆。真正让我意外的，是在草丛中发现的两种蜥蜴，它们都离开地面，爬到草叶上休息。原来，它们是这样躲避地面的雨水的。

第二天早上，天空飘着小雨，但天色很亮。在小院里四处打量了一下，发现是个精心种植的微型植物园。墙头上种着两盆鼓槌石槲；两棵不同年龄的青木瓜紧贴着墙面生长：小的刚开花结果，果实稀疏，大的那棵早已果实累累；靠近院门的果树是荔枝，结了些青果，上面有一些蟎类在活动；果树之间的空地，巨大的红花文殊兰霸占着视线，而香茅、辣椒、侧耳根则低调地委身于文殊兰的阴影中；墙外，茄科植物苦果的枝叶和花果都伸进了院内。数了一下，种植的植物竟有 20 多种，多数是傣式美味用得着的材料。

在早晨的雨声和鸟鸣中，一直安静的黑狗叫了两声，正做清洁的老潘扔下扫把，敏捷地站上了条凳，隔墙往外打量。过了一会儿，才悠悠下来，说："没事啦，是采菌子的老乡抄近道从这里路过。"原来院里养的黑狗是起这个作用的。

见我不时看天，老潘笑了笑，你不要出去，会有大雨。他收拾好了院子，开始泡茶。我们聊了一会儿天，我照例向他打听了很多关于野生动植物的事。他讲得轻松的琐事，听起来全是传奇。其中有一个让人哭笑不得的悲伤故事，是关于他如何失去左手食指第一节的。去年的一天，他发现一条眼镜蛇进了院子，可能捕食了一只老鼠，懒洋洋地盘在劈柴堆后面一动不动。这东西必须赶出去啊，不然后患无穷。他左思右想，找了一个过年用剩的大炮仗出来："我给它轰一下，它一定会吓跑吧。""轰……"，炮仗在扔出去之前就炸了，他手受重伤。眼镜蛇仍在睡自己的觉。

后来，我很好奇地问他，保护区没有围墙，如何防止外人进入呢。他狡猾地笑了，说，外人一来就知道了。原来，周围的乡亲全是眼线，

斜顶天牛

只要有外人从这一带进入保护区，管护站立即就会接到电话。每个季节，他们都会驱离好多没有手续却又试图进入保护区的人。

老潘的名字非常有趣。他的傣族名其实叫岩比，就是小胖的意思，大家现在喊他老胖，还不算外号，是本名。出于友善和尊重，汉族同事都喊他老潘，我也只好跟着叫老潘，其实傣族汉子并没有姓潘的。

20 世纪 90 年代，曼稿极为丰富的兰科植物引来了各种利益驱动的人，包括喜欢在亚洲和全球搜罗珍稀物种的日本植物猎人。兰科及其他植物损失惨重，有些兰已经很难看到了。当地人终于痛定思痛，提高了对盗挖植物行为的警惕。

果然，不一会儿，小雨就变成中雨，又变成了倾盆大雨。有一阵，我感觉不是坐在院中而是和老潘坐在一个巨大瀑布的下方，雨声也不是进行曲，更不是抒情小调，而是放大了十倍力度的命运交响曲在头顶轰鸣。我们互相也听不见说话声，只能做点手势简单交流。

中午，老天好像暂时用完了雨水，天空出现了看不到边的瓦蓝，久违的阳光倾泻而下。

在无休无止的雨季中，阳光就像对万物的恩赦，昆虫们从各自的避雨掩体里爬出，森林里像过节一样欢腾起来。

林间空地，一群黄蜻占领了它的上空，阳光下全是闪烁的翅膀。截斑蜻、灰蜻等则不屑于集体狂欢，它们各自选一个有利的位置稳稳停住，不时起身盘旋一圈，看看有什么合适的猎物。

林间空地的东边和西边各有一条小道，森林被它们强行分开了一条缝，那些绿色的波涛在两边汹涌，却永远不能互相拥抱。这样一个走

一只双色带蛱蝶，飞到了管护站的围墙上，我踮着脚尖，把相机高高举起拍了一张

银纹尾蚬蝶，在管护站步道两边的灌木丛飞来飞去

灰蜻

廊，差不多也算是曼稿自然保护区北边的一个分界线。因为是雨季，防火任务不重。走廊上很冷清，只有一些采蘑菇的本地人偶尔路过。

蝴蝶也选择了这条路，在空地的上空——灌木与乔木之间的高差形成的空当，凤蝶们大摇大摆地飞着。我仰着脸，不时记下能看清楚并确定的种类：玉斑凤蝶、巴黎翠凤蝶、碧凤蝶、裳凤蝶、绿凤蝶，它们有的很残破了，有的却完整而新鲜。其中的绿凤蝶是我特别想拍到的，飞得很矮，但是也高过我的头顶，看起来像是迎着一簇菊科植物的花而去的，但根本没逗留，围绕着那簇花优雅地飞了一圈就拉高飞走了。我又一次错过了绿凤蝶，应该是第三次了吧，它们永远在我的头顶飞着，看来缘分还没到。

斑蝶比凤蝶飞得矮些，它们走走停停，总会找个地方待一下，再继续前行。我跟了几次，一无所获，放弃了。一些大型的粉蝶也没有逗留的意思，鹤顶粉蝶、迁粉蝶、报喜斑粉蝶都匆匆路过，就像是前面有个重要聚会一样。

雨季真不适合拍摄蝴蝶，因为到处都有水可以补充，蝴蝶们多在树

白点褐蚬蝶

乔丹点天蚕蛾

刺蛾幼虫

冠活动，它们才懒得屈尊下来惊动地面上这些没有翅膀的人类呢。我在蝶道上来来回回，胡乱跑了一通后，放弃了。还是寻一些游行队伍以外的蝴蝶来拍更现实些，我想。当我把视线向下，再向下，移向灌木丛甚至更低的草丛时，我找到了不少目标：豆粉蝶的家族基本就在小道特定一段飞来飞去；眼蝶如果没被惊扰，也停得很低；有些蛱蝶干脆就在小路尽头的水泥路上停着；还有几种蚬蝶，很活泼，但也应该有靠近的机会。

目标调整后，我迅速就有了收获。我在林中跟踪一只蚬蝶，终于得到了机会。它躲在灌木丛中，非常警觉。稍稍靠近，它就换一个地方，然后作出要飞走的样子。我还是拍到了它，而且，靠得非常近。这是一只白点褐蚬蝶，非常完好，后翅上那对小眼斑还真是楚楚可怜。

天黑之前，我把灯诱的地方从瞭望塔改到了宿舍的楼顶。楼顶有雨棚，不畏夜雨来袭。当然，这也局限了灯光射上天空，高高路过的飞行员们，可能就看不到了。但雨季还能如何？能有个地方进行灯诱就不错啦。

晚饭后，我整理好东西，泡好茶，坐在灯下看什么客人过来。灯光从雨棚下方射向最近的一片松林。不一会儿，就有蛾类靠近。我退后了几步，从旁边看过去。灯光就像扇形的梯子一般，那些小蛾子从下方扑

交配中的隐翅甲 薛云摄

腾着沿着梯子就上来了。对趋光性昆虫来说，灯光就是陷阱，它们会不由自主地扑向有光亮的地方。本来它们进化出的对光亮的敏感，是为了借助永恒的星月之光导航，但人类创造出的光亮却让它们彻底迷失了方向。灯光下的白布，就像是陷阱的底部，很多蛾子折腾完后，就停在布上一动不动了，直到清晨的光线来拯救它们，帮助它们回到天空中去。

最先来到的一只横纹盾葬甲，非常新鲜完整，估计是刚羽化的。葬甲是森林的清洁工，它们以腐肉为食，还会主动挖空尸体下面的泥土，让尸体陷落到泥土中去。

然后是一群小型象甲，估计就是最近的树枝上的。它们受不了蛾子的扑腾，即使飞到白布上停着，也会很快离开，在附近找个地方发呆。然后，各种甲虫纷纷前来，比较有意思的是橡胶木犀金龟，也叫姬独角仙或姬兜，我在云南多次碰到，但是灯诱来的，野外一次也没遇到，估计成虫多在树干或树冠活动吧。

和蛾子一样扑腾很久的，还有蝉，而且还会发出刺耳的嘶鸣声。我曾经在重庆的一次挂灯，惹来了几十只蝉，它们集体发出嘶鸣声实在太

横纹盾葬甲

橡胶木犀金龟

雨水泛滥的季节，蚂蚁筑起了厚厚的围堤来保护自己的洞口。这处建筑构成了类似心形的图案

鸡枞菌有着长长的茎，一直连着下面的白蚁巢穴

可怕了。这里还好，只有几只，我把它们从地上捡起来，扔向树林，就再也没有回来。

然后，我遇到了烈日和暴雨交织的一天。早晨起来的时候，就觉得天空特别明亮，仔细看了看，仅西方有几团乌云，其他都是蓝天。

同样起得很早的老潘，一脸神秘，手上还拿着一根削尖了的竹竿，示意我跟着他去。路上，他说要去采孤堆菌，让我去观摩。后来我才知道，这是一个非常慷慨的举动，因为每年都会在固定的地方长出价值不菲的菌来，当地人对自己掌握的地点从来都秘而不宣。

我们穿过一堆杂灌，进入树林，没走几步就到了一个隆起的土堆子面前。土堆子上长着很多白色的蘑菇，还只是蘑菇头，没有打开成伞状。老潘并不把它们采摘下来，而是用竹竿顺着蘑菇茎干的方向往下戳。原来那茎干在地下的部分远远长过了地面，他最后把它小心地抽出来的时候，足足有 80 厘米了。原来他说的孤堆菌，这孤堆可能

就是当地语的土堆子的意思。

我突然想起以前看过的资料，这不就是传说中的鸡枞菌吗！原来这土堆子是白蚁建造的，白蚁家族是伟大的设计师和富有创意的种植艺术家。它们把巢建造于泥土里，却能让巢透气通风，而且保持着特定的湿度。它们勤劳地往巢里搬运着种植材料如木屑什么的，然后以此为培养基，又把要种植的菌丝或孢子搬运到培养基上，菌丝迅速繁殖，给白蚁家族提供了营养丰富的食物。而鸡枞菌的菌丝，会有机会勃发成真菌，它们从白蚁的巢穴中长出来，穿过厚厚的泥土，成为我们所看到的蘑菇。

老潘的森林知识相当渊博，他看我打量着下面，就解释说，下面是白蚂蚁哦。显然，他对鸡枞菌的来龙去脉是搞得很清楚的。

十点钟之前，是一天中蝴蝶们补充能量的关键时间。在这难得的晴朗中，我估计在蝶道附近找到开阔地，应该有机会近距离观察到蝴蝶。果然，虽有阵雨，都不持久，没有影响到蝴蝶们的兴致。这里生长着的蓝花野茼蒿，成了它们的目标。

树林里的绿裙玳蛱蝶

狭叶掌铁甲

拟稻眉眼蝶

老潘见我喜欢吃蘑菇，每天都抽空去采些回来，这是树林里最容易得到的食物了

这种蓝色的菊科植物，花梗很长而且结实，支持着管状小花组成的花朵直立向上，非常方便蝴蝶吸食。说起来，云南的蓝花野茼蒿，还是十年前才被人们认识的。2005年，我的一个搞植物的朋友王辰，在西双版纳拍到它的照片，圈内无人识得。两年后，他在勐仑镇野外采了标本带回北京，才被中科院的植物学家陈又生鉴定为中国的新归化物种，来源地是非洲。在西双版纳，我可是对它非常熟悉，蓝花野茼蒿成堆的地方，必是拍蝴蝶的好地方。

一个小时内，我守着这里拍到了五种蝴蝶，多数如虎斑蝶什么的都有点残破，雨季蝴蝶的日子还真是不好过。唯一完整的是一只绢斑蝶，这个种和我在海南岛五指山见过的几乎一模一样。

拍蝴蝶的间隙，我想起了自己的计划，把管护站左右一公里内的步

一只宛如美玉的袖蜡蝉

道都走一遍。这些步道都连接着公路，很方便进出。上午我先走了一条下坡直通沟里的步道，和森林背道而驰。这是典型的缓冲区步道，兼有林区和农地的昆虫。昆虫密度很高，以常见昆虫为主，特别是象甲，几乎随处可见。第一条步道我走出了一身大汗，没有太大收获。头顶上烈日和暴雨交替出现，这两种情形，我都老老实实地举着同一把伞。

　　上午的步道走得不理想，但并没有影响我的计划。下午，我继续沿着公路搜索，遇到步道就进去走几百米，沿途记录物种，发现特别有意思的就好好拍拍。在距管护站 700 米处，我找到一条上山的步道，这一进去，就停不下来。有趣的小精灵简直太多了。比如铁甲科的浑身长满刺的种类——我觉得它们是最有资格叫铁甲的——就发现了两种，其中一种相当罕见，应该是狭叶掌铁甲。沿途的眼蝶不少，我拍到一种眉眼蝶，其他的闪躲在灌木丛中，只供肉眼观赏。这条山道还是环形的，可

刚把头扎进我腿部准备吸血的旱蚂蟥　　　　　被我拍落到地上的旱蚂蟥

以从小山的另一边下山，山脚连绵着湿地，蜻蜓和豆娘开始出现。我毫不费力地拍到网脉蜻的雌性和雄性，雄性鲜艳如血，雌性的翅膀如有烟痕，它们都新鲜完好，两个相距不过一米。

　　这一带还密布着各种姜科植物，花朵都比较奇特，特别是闭鞘姜的花朵。我想起姜科植物的背面，偶尔能发现长袖蜡蝉，于是勤奋地翻叶子。长袖蜡蝉是一个清奇的物种，长得像满脸皱纹的小矮人，还是对眼，但是就在这样的身体两侧，还插上了一对仙女的翅膀，这样的对比看上去很有点戏剧效果。只翻了不到五分钟，果然发现了一种长袖蜡蝉，不止一两只，在一株姜科植物上，我足足发现了 20 多只。我乐坏了，蹲在那里数它们的只数，掏出手电筒仔细观察它们神奇的结构和种种细节，最后才用相机开始记录。

　　在同一个潮湿的地方待得太久，犯了大忌，我引来了旱蚂蟥。大约是拍照快结束的时候，我感觉到右腿上有熟悉的微痒。不好，我心里一紧，鸡皮疙瘩都起了，赶紧放下相机，轻轻把裤脚卷起，只见右腿上趴着一条旱蚂蟥。刚才，应该是它正在把头使劲地钻进我的皮肤，这个过程会有点微痒。我重新拿起相机，拍了几张它吸血的样子，然后用手指捏着它的身体尝试拉了拉，已经拉不出来啦。我笑了一下，这可难不住我。我对准它头部附近，猛拍了两下，它的头就被震了出来，还乖乖地落到了地上。刚开始美餐，就被迫中断。它非常激动，把全身绷得直直的，像一颗坚硬的螺丝钉。估计还想重新找到我继续吸血吧。

我在海南岛的五指山和尖峰岭，在马来西亚的丛林里，都遭遇到旱蚂蟥的袭击。相对来说，同为热带雨林，西双版纳的旱蚂蟥应该是最少的。在西双版纳的丛林里进出数十次，这还是第一次遇到旱蚂蟥呢。回到管护站的房间里，我立即脱下长裤和外衣，全身检查了一遍，因为旱蚂蟥绝不会单独出现的。还是在右腿的另一侧，我发现了血迹和一个小洞，原来这里也被蚂蟥攻击了，而且吃饱的旱蚂蟥已经自行离去了。后来的两天，这个小洞周围红肿得厉害，严重到影响我的步行，好在第三天就消肿，只留下一个不起眼的小疤迹，这是后话。

回到住地，发现老潘在空地上放了奇怪的东西，仔细看，是一张桌上放着些鱼肠。旁边，有几只胡蜂在飞，这有腥味的东西太吸引它们了。

"老潘，你这是在干什么？"我太好奇了。

"抓马蜂，然后……"老潘觉得说不清楚，就做起了手势，我这才看到，他手里拿着一些细细的绳子。

原来，鱼肠是作为诱饵来吸引胡蜂的，碰到老潘看得上的种类的时候，他就会抓住胡蜂，给它的后腿系上细绳子，然后把它放了。胡蜂慌忙逃回蜂巢里的时候，细绳子会帮助老潘一路跟踪，从而发现蜂巢。在农田的环境里，胡蜂一般在孤立的大树上，比较容易找到。而森林里，就不那么容易了，多数时候，胡蜂飞着飞着就消失在视野里……跟踪失败的时候常有。老潘有点泄气地说，今年只找到四五个蜂巢。

找蜂巢来干什么？当然是在它们育出幼蜂的时候去一网打尽了。幼蜂是勐海人偏爱的美食，而且不分蜂的种类，从蜜蜂到胡蜂，都喜欢吃。老潘说，幼蜂用油炸一下，是下酒的首选。他一个人守瞭望塔，在无防火隐患的雨季，特别喜欢把老友们叫来饮茶或饮酒聊天。所以，给朋友们准备点下酒的美食，他是当成正事在干的。

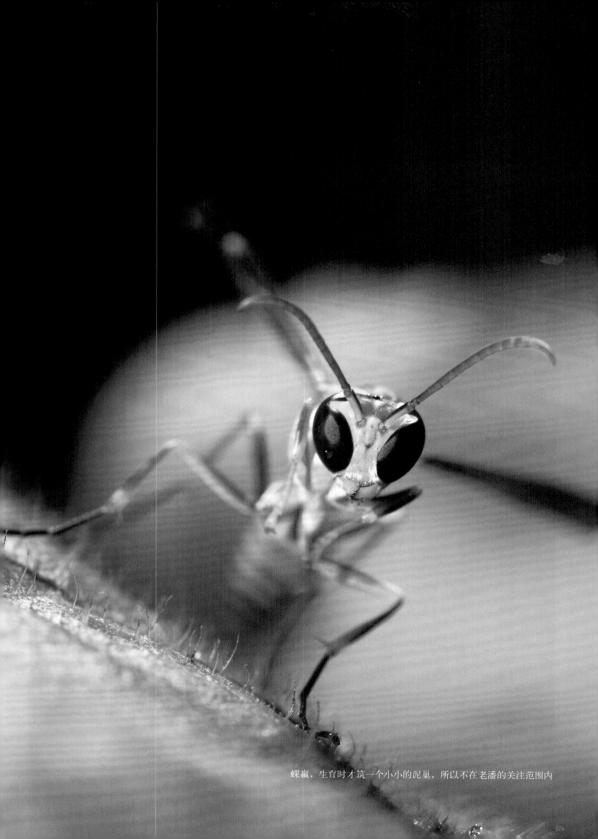

蜾蠃，生育时才筑一个小小的泥巢，所以不在老潘的关注范围内

晚上，一个人在灯下整理资料，听着树林里传来的雨声。这是雨季里树林里独有的：潮湿的雾气在树冠凝结，慢慢积累成硕大的水滴滚落而下，它们砸到矮一点的树叶或地面，就会发出柔和而清晰的一声。所以，雨季里的夜晚，即使晴朗无云，树林里仍然会下着雨。我侧耳细听，远近不同的水滴声，像是世界上最柔和最有耐心的打击乐，而整个大地是能发出各种声音的巨大乐器。这辽阔无边的声音，提供了丰富的背景，让偶尔响起的夜鸟的鸣叫显得毫不孤单。

就是在这样冷清而又丰富的夜晚，我在灯下等到了一只超有观赏价值的昆虫。

当时，我正在看着灯下的白布发呆，因为在下雨，布上面只有寥寥几只蛾子。突然，我看到布上有一个1厘米左右的小东西扑腾了一下，停住了。我开始以为是一只大蚊，立即又觉得不像，在我靠近想看个明白时，小东西不见了。奇怪，什么东西啊，停在布上的动作这么怪怪的。我在脑袋里拼命

黑益蝽正在树丛的阴影里享受猎物

荔蝽若虫

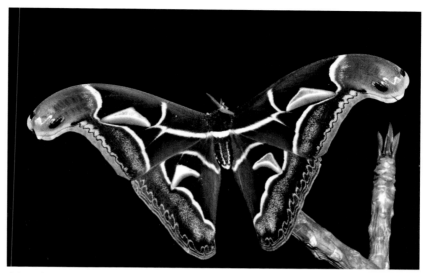

乌桕天蚕蛾 佐连江摄

搜索各种昆虫上灯的姿势和动作。正在没有头绪的时候，小东西又来了，在布上撞了几下，又停住了。这下我看明白了，原来是一只螳蛉！

螳蛉，长得有点像螳螂与胡蜂的结合体，它的前足酷似螳螂的捕捉足，而身体则像胡蜂，翅膀并不展开，而是顺着身体收折着，这样的翅膀看上去又像草蛉或者溪蛉。事实上，它和草蛉同属脉翅目。所以，我已经说到了关键，它有着脉翅目昆虫的灵巧和仙气，又有着螳螂的霸气，这两种矛盾的气质，居然一点不违和地组成了一个物种。怎么形容呢，我觉得有点像一个仙女提着黑旋风李逵的两柄板斧，只是板斧缩小成了一对银斧，所以也还符合它精致的整体形象。这对小斧还真不是吃素的，很多飞虫丧命于斧下，成为螳蛉的食物。

我用小袋子迅速扣住了螳蛉，然后下楼找个合适的地方仔细观赏，老潘和他的朋友们都好奇地围过来看了又看，都说，从来没见过这么奇怪的东西。还真是，白天见到螳蛉实在太难了，如果不是灯诱，哪里有缘见到它。大家看够了，我才小心地把它放了。

盾蝽

02

Chapter two

曼搞村三日

　　去曼搞村进行田野调查，是还住在勐阿管护站时，访客老杨建议的。老杨戴眼镜，略清瘦，他不是普通的访客，在曼稿管护所工作了20多年，对这一带了若指掌，老潘就是他招到管护站来工作的。那天老杨来瞭望塔怀旧，刚好大雨把我困在站内，正好逮住他聊天。聊天的成果主要有两个：一是他建议我选择晴朗的一天，从曼搞村出发，车开到南鲁大寨，步行进核心区。如果不够晴朗，那么曼搞村一带也应该看看。二是老杨忍痛留下了大半饼老班章，如果不是他晚上还要在附近喝茶，可能整饼都留下了。几天后，我离开的那天早上，看到老潘非常认真地坐在桌前，表情和姿势都像在

交配中的金龟子 薛云摄 优越斑粉蝶 佐连江摄

干一件大事。后来才知道，他当时正在把我们喝剩的老班章一分为二，
好让我带走一份。

我和当地朋友老佐和老赵本来就约了要一起走一天，因为有老杨的
建议，七月的一天，出发地就选择了曼搞村。儒雅的老赵，开着自己的
私车，载着我和老佐在曼搞村晃悠，寻找进山的路。他带了套拍鸟的器
材，要说拍蝴蝶还合适，拍近距离的昆虫就够呛了。不过老赵看起来更
多是喜欢参与这样的行走，所以不以为意。

在向村民打听了路之后，我们的车选择了往回过寨方向开，车到一
个路口，隔着车窗，我看见一只优越斑粉蝶正在访花，慌忙叫停，连滚
带爬地冲了下去。只见车停的右侧，是一个三岔路口，路口有一条水沟
穿涵洞而过，水沟两边开满了野茼蒿、蓝花野茼蒿和马缨丹。此时是上
午十点左右，阳光灿烂，正是访花的好时间，雨季里更是难得。所以，
这里成了梦幻般的路口，各种蝴蝶大聚。

我尽量克制住自己激动的心情，先观察了一遍。粉蝶有：优越斑
粉蝶、报喜斑粉蝶、迁粉蝶、豆粉蝶；眼蛱蝶有：翠蓝眼蛱蝶、美眼蛱
蝶、钩翅眼蛱蝶；斑蝶有两种，飞得太快，种类看不清楚。看这个阵
容，不用想，我必须好好拍拍这两种斑粉蝶，它们都是热带蝴蝶的颜值

代表，非常美丽。还没举起相机，一只蝴蝶掠过了眼前，竟然是一只斑凤蝶，这更是极难见到的蝴蝶啊。我一边招呼同伴注意这只斑凤蝶，一边根据光照情况，飞快调好相机参数。以我拍蝴蝶的经验，在蝴蝶访花过程中，绝对不能大动作晃动身体，否则蝴蝶会警觉地拉高然后远远飞走。所以，我选择了这堆花的中间位置蹲下，这里可以左右逢源，得到更多的抓拍机会。

蝴蝶访花，看似随心所欲，东一下西一下，其实，它们是有规律的。不同的蝴蝶，虽然有不同的偏好，但在一堆花里，总的来说它们都有各自的循环飞行线路。这只斑凤蝶，明显偏好蓝色野茼蒿，这无疑给了我很大的方便。每朵蓝色野茼蒿，都是由数十朵管状小花组成，这意味着它可以在一朵花上吮吸几十下。我很轻松地就拍了几组照片。我们三个人在那里拍，毕竟目标太大了。等我拍好斑凤蝶，再物色下一个目标的时候，才发现其他蝴蝶都消失了。最初打算拍的优越斑粉蝶和报喜斑粉蝶，一张都没拍到，挺遗憾。

车又重新往前开，开了不到200米，老佐的眼力贼好，连声叫停车。

卷象

斑翅蟪

斑凤蝶与蓝色野茼蒿

他回头对我说，那里有一只你想拍的蝴蝶。顺着他的手指，我看过去，还真是，一只报喜斑粉蝶安安静静地挂在花上。

我轻轻下车，蹑手蹑脚地靠过去，发现这只报喜斑粉蝶的姿势有点怪异，感觉它并不是用足，而是用头挂在花上。这是怎么回事？我没着急拍照，凑近了仔细观察。原来，它很可能是访花时中了埋伏，成了一只花蟹蛛的猎物。花蟹蛛，身体一般浅色近似透明，它们待在花上一动不动时，很难被察觉。因为花蜜会吸引各式各样的昆虫靠近，它们正好守株待兔，不费吹灰之力就有了猎物。本来还想从花蟹蛛口中救下这只漂亮的蝴蝶，但发现时间晚了，它已经死了，于是放弃。

前面的路继续盘旋而上，路面很多浮泥，车开得一扭一扭的。老赵全神贯注地处理路面情况，有些地方得小心选择车行线路才可通过。终于，车到了一个水库，不敢再往前开了。我们把车留在路边，背上器材、干粮徒步上路。只见左边的浅丘尽头，是无边的森林，但只有一条被灌木封住的小路。右边倒是大道，差不多是紧贴着茶园的下方蜿蜒向前。天气不明，我们选择了大道，总的说来，这都算是森林、茶园和杂灌的混合过渡地带，既适合徒步，又方便观察昆虫。

曼搞生态茶园 佐连江摄

花蟹蛛捕获一只报喜斑粉蝶

茶园比步道高出一截，我们的视线平行的位置刚好是它们枝干的下半部，从这个角度看茶树，正好看到它们满身青苔的枝干。而且，其中不少还长着兰科植物，通过枝叶辨认，有石斛，有盆距兰，有万代兰。如果是四、五月走在这里，会不会看到很多花？

我们一边聊着，一边就走到了一个水坝附近。水坝上很多蝴蝶在飞，让人想起之前经过的那个路口。三个人想都没想就走了过去，我和老佐拍蝴蝶，敏感的优越斑粉蝶最先离开。老赵发现了一堆悬钩子植物，就高高兴兴采起果来。天上开始飘起了细雨，一点也没影响我们的兴致，我一边拍一边报告进度："豆粉蝶拍到……美眼蛱蝶拍到……虎斑蝶拍到……波纹眼蛱蝶拍到……"其中的波纹眼蛱蝶，我还只在云南和广东见过，而且还没有机会靠得这么近。老赵的收获也不小，他采到一种悬钩子果实，还分给我们试吃，非常美味。

离开水坝后，我沿途都在勤奋地拍各种小甲虫，这真是非常适合观察昆虫和植物的步道，相机完全停不下来。茶树上，我们还发现了几只盾蝽，后来查到是油茶宽盾蝽。有的是末龄幼虫，有的刚完成羽化，新晋级为成虫，但颜值已经很高了。以我的知识，它们应该是喜欢刺吸刚

老赵发现的悬钩子，很美味

油茶宽盾蝽

长出来的茶果的，茶树不是果树，所以危害不大。如果是梨树被刺吸了幼果，就会影响产量。

正午时分，我获得了拍优越斑粉蝶的极好机会，一只雌性贪婪地吮吸着蓝色野茼蒿的花，完全无视我们的脚步。这样的机会我当然是不会错过了，我很快就拍了几十张。优越斑粉蝶是我偏爱的蝴蝶，我也有过几次激动的偶遇和抓拍，每一次拍的难度都很大，每一次都有错失的精彩瞬间。而在勐海，在曼稿自然保护区的西南边缘，拍到优越斑粉蝶竟然如此轻松愉快，恍如梦中。

我们坐在水坝上午餐，老佐带的饭团、干巴、咸菜摊开在石头上，被细雨淋着，也被阳光晒着。就餐的环境可以说简陋，也可以说奢侈。简陋是说除了条石，并无餐桌餐椅，我们只能是取了吃的各自找个地方坐下吃；说奢侈，那就真的是太奢侈了，无边的草地、野花以及森林，都像是我们脚下的桌布，头顶上有阳光、白云还有细雨，有什么建筑能有这样美好的穹顶？

更奢侈的是，为我们的午餐，老天还安排了一场盛大的演出。距我们不远处的一株斑鸠菊，差不多已经长成了小乔木，恰逢花期，它迎风站在一个非常突出的位置，就像是一个充满花蜜香的舞台。我敢说周围一公里的蝴蝶都被它吸引住了，多数来盘旋一圈就飞走了，但有些留了下来。羞怯的优越斑粉蝶，多达十只，其他的蝴蝶还有四五种，都在树上起起落落，好不惬意。仰着脸的我们，看得见蝴蝶，却够不着，只有吞口水的份儿。我想起来了，我们就是在这个时候觉得有点饿了的。

现场就是这样，我们在那里舒服地吃着午餐，就着茶，三个人都不时扭头直勾勾地看着那棵繁花的斑鸠菊，也会突然有参与机会——有时，会有一只蝴蝶脱离舞台，飞到我们身边的花草上，我就会放下饭团，提着相机试图靠近，看能不能拍上一张。

事实证明，那一天我们放弃进森林深处是对的。午后不久，一场豪雨就占领了这一带，我们落荒而逃，开车到曼搞村委会去避雨兼蹭村委会的好茶喝，顺便观望一下天气变化。在那里待了半小时，天色更加昏黄，雨量有增无减，我们才结束和村民们的聊天，悻悻离开。

火龙果爬满曼搞村人的院墙

七月去曼搞村的大半天，差不多是与蝴蝶们同游。总觉得未能过瘾，很多蝴蝶擦肩而过，未能拍到满意的照片。所以，八月的一个黄昏，另一场雨中，我干脆拖着行李，入住保护区的曼稿管护所，计划是在雨的间隙里继续在林缘漫步，看能不能拍到更多的蝴蝶。

曼搞与曼稿，都是傣语的音译，保护区都是选用的曼稿，显得文气些。曼搞的原意是凤仙花开的地方，但是很奇怪，在村里村外，我并没有见到凤仙花。

大清早起来，推门一看，屋檐下挂着雨帘子，而且天色灰暗，雨没有停的意思。已经习惯雨季的我，已经平常心了，早饭后，悠悠地泡了茶，回到房间整理相片和笔记。中午，天上云朵敞开，阳光倾泻而下，我欢欢喜喜背包出门，穿过曼搞村往山里走。

除了没有凤仙花，曼搞村的村民其实是种了很多植物的。本村最受欢迎的是火龙果，而且是把它当成攀爬的藤本植物来种的。大家都把火龙果种在自家的围墙外面，让它自己翻墙进院，在院里开花结果，既不占空间，又美化了外墙，真是妙招。家家还种有木蝴蝶，一种小乔木，据说花可作调料，树皮可泡水喝，可惜都没有体验过，没法评价。这树

龟甲

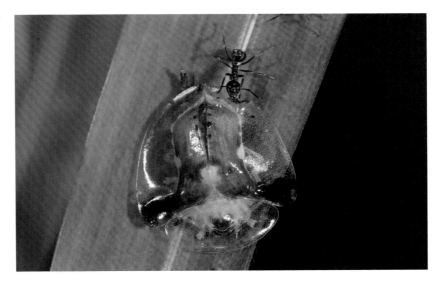

美丽的长颈鹿天牛，在
曼稿管护所的榕树下飞
来飞去

的姿态倒是不错，叶子像菜豆树的叶子，但更挺拔也更有层次。种石斛
的也不少，一路走过去，似乎多数家庭都有，比较多的是鼓槌石斛，它
的花是傣族人民非常喜爱的，四月泼水节期间，往往被傣家妇女装饰在
发绺上。

　　一路走着，村里也飞着些蝴蝶，多是玉斑凤蝶和巴黎翠凤蝶，因为
经常拍到，而且感觉庭院里拍蝴蝶，背景还不够美，所以我的脚步没有
为它们停下。

　　走出村子后，从竹林旁的大道缓缓而上，便进入茶地。老佐说过，
西双版纳的摄影家都喜欢来曼搞村拍茶山。实地走着，发现摄影家们的
眼光还是颇有道理的。这里浅丘起伏，茶树整整齐齐地填满了视线，但
它们并不是全面暴露在阳光下，茶地里必有一些沧桑大树，如伞如盖。
从我站着的地方，低洼处是望不到尽头的蔗田，高处是森林，茶树们刚
好在蔗田和森林之间，从任意角度拍过去都很好看。

我的计划是穿过这些茶地，一直走到森林深处，至于能走进去多深，要看天气的变化和森林步道的泥泞程度。这条路并不短，但走着非常舒服，阳光温和，空气清新，而眼前全是起伏的美景。

　　距森林不远处，就在我走着的土路上，我惊飞了一只报喜斑粉蝶。仔细一看，这附近还有好几只，原来，它们选择了这一段安静的路上补充体能。报喜斑粉蝶的羞怯程度不亚于优越斑粉蝶，当然，和鹤顶粉蝶比起来，它们还算能接近的，总会访花或者吸食潮湿的泥土。

　　我决心利用好这个机会，把报喜斑粉蝶拍好。没有什么好办法，只能是缓慢再缓慢地靠近它们，放下身体，和地面差不多持平地伸出相机。有一次，几乎成功了，我接近了一只报喜斑粉蝶，正缓缓地递出相机，一辆摩托"突突突突"地疾驰而来，把蝴蝶惊飞了。骑手一脸懵懂又无辜地望着我，我默默从泥水里爬起来，挥手让他先过。

　　也不知道是怎么回事，这条路上的报喜斑粉蝶实在是太警觉太难靠近了。为了缩小目标，此时阳光很烈了，我仍然是把伞收起，实在不想错过这么好的机会。一次，又一次，终于，我接近到一只报喜斑粉蝶并按下了快门。这是一只刚羽化的成蝶，非常完美，它吸食着泥土，连后翅都拖到了潮湿的地上。我一直以为报喜斑粉蝶的得名，是它的颜色看上去喜庆，后来才知道，这是希腊女神派西托厄的简洁音译。命名者将女神之名给予一只蝴蝶，让人增加了无穷的遐想。

　　几分钟后，我就来到了森林里，这条道看起来经常有人走，落叶虽多，但并不陷脚。这处森林，应该也处于保护区核心区之外，并无特别古老的大树，但树林的茂密程度惊人，离开步道，寸步难行。这么安静又幽美的森林还真是少见，落叶几乎遮住了整个树林的地面。

　　我掏出手电筒，便于仔细观察树林里的小东西，因为阳光几乎洒不进来。在手电筒光的帮助下，安静的树林呈现出热闹的一面。这里的树林都是由乔木和灌木及藤蔓共同组成的，在灌木和藤蔓上，昆虫的种类多得令人眼花缭乱。比如椿象，我在不到十米的范围内观察到六种，还全部是植食性的。叶甲和象甲，没这么集中，但都是道路两旁的大家族，几乎每走几分钟就能发现一种。不到一小时时间，我走了一公里左右，记录了数十种昆虫。林下的蝴蝶相对少些，主要是眼蝶，其中我拍到了君主眉眼蝶，是我个人记录拍到的物种。

担心下雨，我在一公里左右的地方就折回了。回到森林边缘时，发现了两种白天活动的蛾类，颜值都很高，一种是锚纹蛾，一种是绿脉锦斑蛾。它们的观赏价值都不亚于蝴蝶。很多人都误把锚纹蛾当成一种蝴蝶，它的确太像了。不过，如果你仔细看它的触角，并无蝶类触角的末端膨大，这是区别蝶蛾最简单的方法。

回程的时候，看着低洼处的蔗田，突然想起去看看甘蔗上面有什么昆虫。我想起有一种袖蜡蝉，叫甘蔗长袖蜡蝉，比我前几天拍的长袖蜡蝉个头应该更大，长相更夸张。于是绕道至山脚下，在甘蔗地边慢慢观察。

袖蜡蝉没找到，但意外发现一种棕红色的大型象甲，甘蔗林里有好几只，比大竹象略小，但外形几乎一样，远远地从个头和色斑上来看，很像著名害虫红棕象甲。这太令人震惊了，危害棕榈树的红棕象甲，为什么会出现在甘蔗上面，难道它也危害甘蔗？

此时，雨开始下了，巨大的疑问吸引住了我，我干脆脱去鞋子，赤脚下到甘蔗田里。还好，淤泥没有想象的那么深，我试图靠近那几只象

君主眉眼蝶

绿脉锦斑蛾

甘蔗赭色鸟喙象

甲，但是它们非常警觉，老远就逃走了。我回到岸上，找处水洼洗好脚，仍然绕着甘蔗田慢慢观察。十分钟后，我就在甘蔗田的一角，又发现了这种象甲并拍到了照片。它看起来和竹象全无区别，和红棕象甲虽然颜色接近，但色斑不一样，看来是另外的种类。

我所知道对甘蔗危险比较大的象甲有细平象甲、友斑象甲，但它们的体长都小于1厘米，而这种象甲足足有3厘米，从我观察到的密度来看，构成的威胁应该不太大。过了两个月，一个偶然的机会，我才查到它的名字，原来是甘蔗大象甲，又名甘蔗赭色鸟喙象。

当晚，我寻了一个灯诱的好地方——曼搞村村民的活动室，那个平台高于村里的其他建筑，灯光能射得很远，村子周围的林子全在视野里。匆匆吃完晚饭，我就把自己的家当全背到了村民活动室外的椅子上，包括笔记本——看到什么不认识的东西，还能到网上的论文库里去查查资料，我的算盘是这样打的。

灯诱的白布挂起来后，虫还没来，人先来了。最先来的是两个小孩子，问："叔叔，是不是动画片？"一个中年男子路过时没问，只咕噜了一句："怎么没有通知说有电影。"天黑完后，一个中年妇女路过，很同情地对我说："你放什么电影，为什么没人看？"总之，所有人都认

雨季，曼稿村的土路泥泞难行

为我在放电影。

这确实是一部孤独的电影。除了繁殖蚁，完全没有客人飞来。我守到深夜十一点，草草收场。看来雨季还真不一样，潮湿的身体和翅膀，极大地限制了大型昆虫的飞行。这次受挫让我决定，雨季中只紧挨着树林进行灯诱了。

第二天，天气就像克隆了前一天的清晨，雨下得很大，天阴沉沉的，但是到十点左右，蓝天重现，阳光灿烂。我想起第一次来曼搞村拍蝴蝶的情况，就把时间分配了一下，上午的两小时，往回过寨方向的田边走一走，下午试试再进一处森林。

仍然是很多蝴蝶活动的区域，我走了约一公里，见到十多种蝴蝶，不过并无特别好的机会，也无特别垂涎的蝶种。有一只斐豹蛱蝶很有意思，它停在一片弯曲的甘蔗叶下面作躲雨状，其时四周都是明晃晃的阳

斐豹蛱蝶倒吊在甘蔗叶子下

缘蝽

灵奇尖粉蝶

光。其他的蝴蝶，早就趁机出来晒好翅膀，到处飞行了。我拍了它后，故意晃动了一下叶子，受惊的它果然翻身到了叶子上面。但它只是很不爽地抖动了一下翅膀，又回到原处作躲雨状。我无语了，只好轻轻地把叶子放回原处。

在田间小道走着，碰到村民，就和他们聊天，其中有一个聊得直接让我去他家喝茶和参观做茶。还别说，他家的院子收拾得挺干净，茶也不错。新茶，又混了些紫芽一起泡，入口苦，但回甘强烈。

午饭后，我往县城方向出了村口，然后选择了水库边上的小道进了茶山。像是为了欢迎我，两只硕大的美凤蝶在茶树上空双双飞着，像两位黑衣白裙的仙女，非常抢眼，就是没有落下来休息一下的意思。我已经有好几年没有近距离看过美凤蝶了，不由自主地远远跟着两只蝶，保持距离，不打扰它们。和最常见的玉带凤蝶一样，极具观赏性的美凤蝶也是以柑橘等芸香科植物为寄主，但没有玉带凤蝶可怕的繁殖能力，所以在南方诸省虽都有分布，但并不常见。难道是惊人的美妨碍了它们的生存？

在我思绪飘飞的过程中，美凤蝶飞向了另一个山丘。此时，我已走在一条景致宜人的小道上，右边是茶山，左边是蔗田。我越来越感觉到，曼搞村是徒步的天堂，从村子里出来，任何一条道都变化无穷，可以让你移步换景，而且走着都比较舒适。

在这条小道上，我拍到了两种虎甲，非常相像的两种，金斑虎甲和毛颊斑虎甲。很多虎甲都类似，经常要凭它们中间的一对色斑来进行区别。和别的地方的虎甲稍有不同，这条道的虎甲，一受惊就要飞到高高的蔗叶上一动不动，完全没有多数虎甲的固执——它们本该都是偏执的拦路狂：受惊后飞到几米远的前方停下，再受惊，又这样……我遇到的一只最固执的虎甲，就这样在我前面飞了一公里多。看来，无边的甘蔗林给它们提供了更多的安全感。

走着走着，我突然想起，那些稀落地站立在茶地里的大树，应该也是某些昆虫的现成庇护所，我怎么没有去仔细观察过。于是寻了右边一条小道，拐回茶地里，一棵树一棵树地研究。果然，它们还真是好些昆

金斑虎甲

毛颊斑虎甲

黑尾胡蜂争食树汁

虫喜欢待的地方。在一个树洞里，我找到一个小型胡蜂的巢，胡蜂们密密麻麻地守卫着自己的巢，独自霸占了这个可以遮风避雨的树洞。另一棵大树分泌着树汁，惹来了花金龟和一群黑尾胡蜂。黑尾胡蜂似乎并不满意其他昆虫的分享，花金龟待一会儿又被挤走，待一会儿又被挤走，在那里"嗡嗡"乱飞。树汁的气味还吸引了蝴蝶飞来，它们是不愿加入这混乱的场面的，绕一圈就飞走了，保持着起码的矜持。

我最终从一条小道拐进了树林，在进去之前，我在那里的水洼记录了五六种蜻蜓，包括久违的六斑曲缘蜻和庆褐蜻。我一直喜欢庆褐蜻的蓝色，这是森林里绝对没有的蓝色，这个物种在漫长的进化中怎么学会收集如此深邃而神秘的蓝色，为什么要选择它作为自己家族的颜色。我相信，如果真能进行解读，一定会是一篇奇妙有趣的文章。

从这条小路进树林，可不像前一天的大道那么轻松，我只走了十来米就知难而退了，真要进去，须有砍刀在前开路。我没有原路返回，而是顺着林缘与茶山之间的模糊小路，继续往前漫步。走着走着，我发现

树洞里的异腹胡蜂家族

庆褐蜻

幻紫斑蛱蝶

交配中的象甲

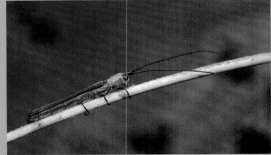
筒天牛

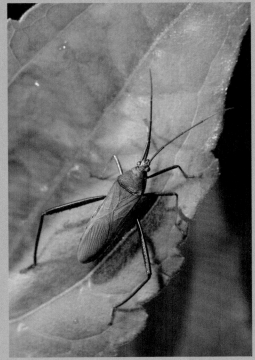
竹缘蝽

绿凤蝶

回到了村子的另一边。

　　看了下时间，离晚饭还有一个多小时，我没有往回走，村口的田角有几只蝴蝶，已经有点疲乏的我犹豫了一下，还是忍不住要过去看看。等我走近，眼睛就瞪圆了，原来这个被我查看了无数次的田角，下午的蝴蝶和上午还真不一样，足足有四只灵奇尖粉蝶在这一带访花。灵奇尖粉蝶绝对是上苍最用心的作品之一，从它的侧面看，黑色的翅缘和黄色的翅基，正好构成一个醒目的三角形，设计感十分强烈。在十余年的田野调查中，我能十分接近地观赏灵奇尖粉蝶其实还只有一次，是在十多年前的野象谷。一次观赏四只灵奇尖粉蝶，真是太幸运了！

　　然而，这还不是高潮。在翩翩来去的粉蝶中，我发现有两只要明显大一号，一只是鲜艳的鹤顶粉蝶，另一只一时没看明白。鹤顶粉蝶我经常偶遇，但极少有机会能拍到照片，它太不爱停留了。我关注的是另一只，看颜色不是鹤顶粉蝶也不像迁粉蝶，究竟是何方神圣呢？

　　在拍摄灵奇尖粉蝶的间隙里，我以职业的敏感不时观察着这只看不太明白的粉蝶。终于，它在潮湿的地方停了一下，不过几秒钟，又起飞了。但是，足够了，我彻底看清楚了。在看清楚的同时，我仿佛清楚地

紫茎甲的后足姿势总是
有点夸张

听到了自己突然剧烈的心跳声。

这哪里是什么粉蝶，它就是我无数次看到却从来没能靠近的绿凤蝶啊！之前，和绿凤蝶擦肩而过，它都在我的头顶，绿色和黑色的横纹很醒目。原来，当它飞得比我们视线低的时候，前后翅背面的大片白色，让它看起来更像一只粉蝶。

它停下来的时候，如果双翅平摊，从背后看过去，黑色的翅斑让它显得像一个叉着腰的绅士，而从侧面看过去，是它最美的样子：黑色、绿色和黄色按照最佳比例构成了优雅而神秘的图案。不管是哪一面，它的黑色和白色相接触的时候，绝不会生硬地拼在一起，一定会有一个灰色的过渡，有如水墨画的浸染。

八月，在曼搞村，一只几乎完好的绿凤蝶就在这一带起起落落，让我看个痛快，看个仔仔细细。

一棵大树的裂缝里长满了兰科植物

03

Chapter three

梦幻之林：苏湖林区的漫步与灯诱

　　虽然有思想准备，在进入苏湖国有林区的时候，我还是被彻底震撼了：就在距勐海县城只有半小时车程的地方，经过帕宫村，不一会儿就进入了参天古树组成的浩瀚森林。

　　此时，正是黄昏，夕阳给远方的山峦刷上了一层黄金，而我们身处的地方，只有寥寥几组穿过密集树叶的阳光，像斜倚着大树的梯子。暮色已开始填充整个树林，一切美丽又寂寥，像一个空荡荡的剧场，像演出中间那种短暂的安静。真的，这里的树都历经曲折，它们伤痕累累的树干、优雅如舞蹈的树枝都好像充满了故事。

　　我迫不及待地换上轻便的背包，从苏湖管护站走出来，

蝰斯若虫

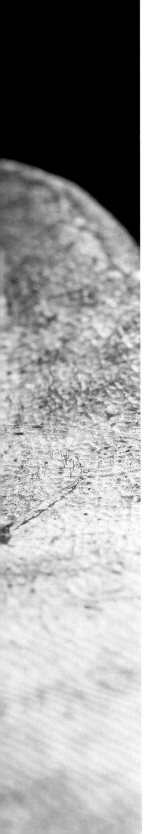

我从来没有这么急切地要融入这片意外的美景中去。我走着，头顶交替出现两种天空：蓝天白云的天空和天鹅绒般的枝叶构成的天空。

在曼稿自然保护区缓冲区，我看到的森林是充满生机、万物竞发的次生林，那是一个林木的拥挤会场。它们面对着面，背贴着背，就一点点缝隙，还长满了各种藤本植物，我要在它们中找到一条小道走进去都并不容易。而这里低头沉思着的，则是历经沧桑之后，数百年自然淘汰中的胜利者。它们每一棵都堪称一座生命的纪念碑，每一棵都拥有近乎奢侈的空间。那些昔日的竞争者早已消逝，成为它足下土地的一部分，失败者的退场，使森林变得疏朗，这些大树尽最大可能地舒展着它们巨大的树冠。但是这些独自拥有天空的大树，并不吝啬，它们的树干为无数弱小的植物提供了舞台。有些树简直就是一个微型的植物园。在一棵树干上，从高级的被子植物到原始的苔藓的植物竟多达 30 多种。这些寄生的、附生的或者只是缠绕而上的藤本植物，让大树看上去飘飘若有仙气。

正在发呆，苏湖管护站的站长老王陪着老佐、老赵已经走出来了，要带我们去逛逛。管护站是一个空旷的大院子，有围墙，如果要进行灯诱，为了避雨，只好挂在车棚里。我推敲了一下，灯本来就挂在棚下，还有围墙挡光，感觉不算非常好的地方，也想到处看看，有没有别的更好的灯诱点。

我们沿着林间大道往前走，看到的东西和刚才又截然不同。我刚才是一直仰着脸一棵一棵地看大树，或者在大树的间隙里看夕照下的远山。这一次，在老王的提醒下，我们又低头看看林荫下的草丛或乱石。这一看，也不得了，还没走上百米，已经看到几十种蘑菇，对我来说，绝大多数都是没见过的。

老王指给我们看，能吃的有肥硕的颜色多变的奶浆菌，有丑丑的黑喇叭菌，有成堆的扫把菌。比这三种菌好看的菌太多了：有的举着深红色小伞，茎如铁丝；有的浅白色，似乎是半透明的，像海里的水母；也有的身材高挑，白伞，茎上还有蕾丝样的裙边……要是时间够，我真想用一个整天，慢慢拍这个美丽、神秘的大家族。

不一会儿，我们向右拐进一条支路，老王叮嘱我们马上进入危险地带，千万不要离开道路，否则后果严重。原来，这是一个胡蜂养殖基地，我往左右一看，林下全是小棚，每棚里都挂着一个篮球大小的蜂巢，再仔细看，蜂巢有蜂进进出出，都很活跃。受惊扰的胡蜂，攻击力是惊人的，何况这里足足有上百个蜂巢。本来依我的习惯，看见蜂巢一定要凑近拍几张的，也只好忍了，只远远地拍了几张蜂巢和小棚的照片。蜂巢密布的地方，可能路人都不敢靠近。这一带的树上都长满了各种石斛，而且有的正在开花，本来也想靠近观赏一番，也一并忍了。

晚饭前，我就把灯挂好了。虽然灯光被车棚的顶棚和大院的围墙遮住，但管护站位于山梁上，更有几个高高的冷光源的路灯。我的灯泡是暖光源，对绝大多数昆虫来说，暖光源更有吸引力。这些高高的路灯，可以诱来昆虫，而其中的多数会转投我的灯下，这样一想，不由暗喜。

晚上七点多时，天色仍未完全暗下来。我干脆提着相机，独自走了出去，用手电筒看看林子里有些什么动静。这一看，看出了这片林子的

交配中的绢金龟

另一个色型的拟稻眉眼蝶，和在瞭望塔发现的区别很大

护林员观察一棵高大的病树

特点了。为了让大树们有更好的生存环境，这里进行了我从未见过的森林保养——大树的病枝全部锯了，林下的灌木也被清理，只剩下草丛。我的工作遭遇到意外的困难，因为灌木是连接树冠和草丛的重要过渡地带，特别是位置好的灌木，容易成为树冠昆虫的临时落脚点。失去重要的过渡地带后，这里的昆虫观察就有点尴尬了，草丛里的多为常见昆虫，而树冠上的又够不着。还好有灯诱，在几乎没有灯光的林区里，管护站的灯光一定会引起昆虫们的注意。尽管是最不适合灯诱的雨季，我相信也能借此看看这片林区有些什么样的神奇居民。

晚上九点，一只大蛾翩翩而来，虽困于灯光，却不遗余力地围绕着我们飞个不停。待它稍稍安静，我看清楚了，原来是一只天蚕蛾，后翅有一对漂亮而醒目的眼斑，酷似猫头鹰锐利的眼睛。让远在重庆的朋友们查了一下，原来是鸮目天蚕蛾，在天蚕蛾家族中，算是比较少见的，据说全国的标本很少，雌性的更少。这个时间段来的，正是雌性，雄性要凌晨才来。我们提心吊胆地盯着这只精力过剩的雌性鸮目天蚕蛾，怕它东游西晃一阵干脆飞走了，怕它扑腾得太厉害，把自己的翅膀弄残。半小时后，它才安静下来，停在了灯光旁的树桩上。其实，还不能说是真正的安静，它优美的翅膀仍旧在颤栗着，仿佛感觉到了陌生的危险。

就在这个时候，又一只鸮目天蚕蛾飞来，接着一只又一只，有整整五只。在苏湖林区，这种珍稀天蚕蛾，竟能一下子来五只，真是给了我

清晨，鸮目天蚕蛾还在附近的树上逗留

雄性的中华奥锹

苏湖林区的边缘 佐连江摄

一个下马威啊。除了天蚕蛾，其他蛾类也来了很多，很多都耐看，其中的鬼脸天蛾，一直深受昆虫爱好者关注。

十点之后，甲虫开始出现。我先注意到的是一只硕大的雄性中华奥锹，这可是大名鼎鼎的观赏甲虫，同时，也进了"三有名录"（国家保护的有益的或者有重要经济、科学研究价值的陆生野生动物名录，由国务院野生动物行政主管部门制定并公布）。中华奥锹雄性多型，除鞘翅外缘呈红色或橙红色外，全身黑色，看起来非常酷。

然后，飞来了一只罕见的甲虫，雌性的三栉牛。三栉牛科昆虫我国只有两属五种，它们有着强大的前钳，很容易被误认为天牛。传说中，

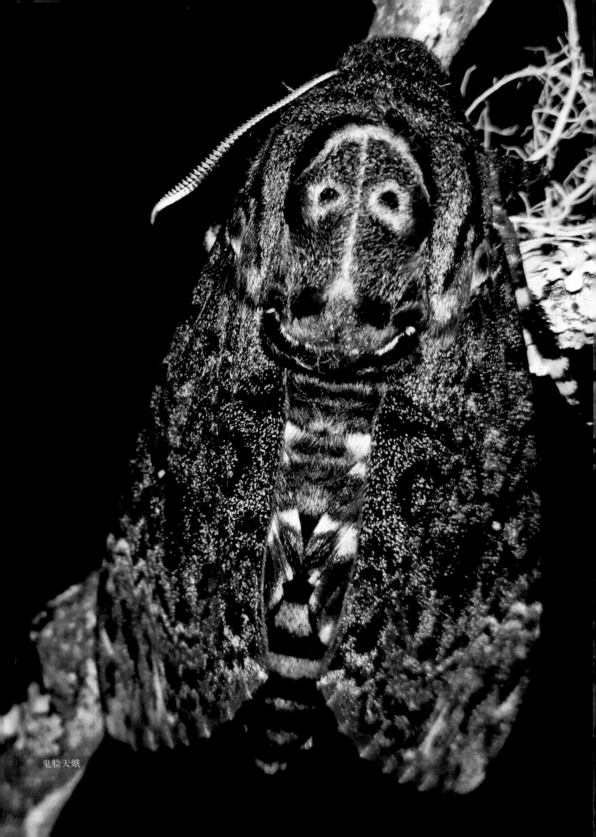

鬼脸天蛾

三栉牛都是暴脾气，这只雌性也不例外。只见它怒气冲冲在地上左冲右突，一言不合就振翅起飞，碰到什么就把一对大钳戳过去。后来，我的朋友鉴定它为威氏王三栉牛，也就是甲虫爱好者们戏称的云南王，既为它的雌性，应该称为云南王后吧。

按照我的申请，管护站同意了我和老赵第二天起参加护林员的日常巡山。巡山是不考虑天气的，风雨无阻，为安全起见，护林员并不单独行动，他们会组成小组，每天以不同的线路在茫茫林海里穿行。由于惯在山里行走，我并不担心自己的体力，只担心护林员走得快，而我习惯慢慢观察，这样会跟不上他们的速度。

早上起来，天色有点灰暗，感觉附近已经在下雨了。吹过来的风，湿漉漉的，仿佛空中挂满了小水珠，但因为很小，并不至于坠落，而是随风飘来飘去。我想了一个主意，笨鸟先飞，不对，应该是慢鸟先飞。

在仔细问清楚线路后，我和老赵先行出发了。这样的时间差，可以让我们的慢行稍微从容点。走了200米，发现和我前一天晚上的观察一模一样，树林都经过了清理，几无灌木的存在，看不到什么有趣的昆虫。

威氏王三栉牛头部特写

我们缓缓走着，雨雾中的林子，美得让人心生欢喜。一条土路领着我们蜿蜒向前，两边的树各有优美姿态，但有一点是统一的，就是它们都长满了各种附生植物，像穿上了风格不同的蓑衣。在一个空旷的地方，我们停了下来，这里，碗口粗的血藤凌空纵横，像有一个隐身的武林高手，把无数巨藤掷向四面八方。我见过独木成林，还真没见过如此

咖啡双条天牛

弧斑齿胫天牛

每棵树都是一个微型植物园，附生在树干上的植物很多

壮观的独藤成林。

老赵看上去比我还喜欢林子，好多树他都要走近欣赏，有时还捡起它们的落叶或种子细细观察。他一边走一边感叹：兰花太多了，石斛太多了。兰科植物中，我最熟悉也最喜欢的是石斛，家里也种了十来个种类，视为宝贝日日呵护。但苏湖林区的石斛，却举目皆是。连落在地上的枯枝，上面都还有活得好好的石斛。

这时，两位女护林员和一个叫王长生的男护林员组成的小组追上了我们。一边走，一边观察，我发现其实他们的行进，远比我想象的缓慢。因为他们并不专心走路，而是东张西望，发现有什么情况就会走过去观察。林子里的树虽然多，他们却熟悉得像家人，哪棵树上有什么藤，哪棵树空心了，一清二楚。

我不失时机地，一路向他们打听蘑菇的名字，一边用相机作记录。女护林员，都是中年人，一位傣族，一位汉族。傣族的叫玉拉远，只是

棕线枯叶蛾

姬蜂

长叶蝽

微笑，话很少。汉族的叫姚云湘，性格活泼，一肚子有趣的话。昨晚，还在灯诱的时候，她就好奇地围观了很久，不时抓了我们不感兴趣的虫子说要去喂鸡，语气像是要去喂喜欢得不得了的宠物。

问着问着，发现一个问题：好多蘑菇，姚云湘都说的一个名字——脚蹬菌。刚开始，我还以为是一大类菌的名字。后来，发现一种马勃以及还有一种叫辣菌的，她也称为脚蹬菌。我们便要求她详细讲一下脚蹬菌的范围。她停下脚步，提起脚在空中蹬了一下，然后还配合着翻了一下白眼，说："吃了它们，脚一蹬就死了，所以叫脚蹬菌。"

只好换话题。我找机会聊他们的日常巡山，这才发现，他们的装备还很现代化。每人有一台定位手机，林业系统可以随时查到每个护林员的具体位置，而且巡山时间什么的，都有准确的记录。一方面保障了护林员的安全，另一方面，谁想在时间线路上偷个懒也是不行的。

这一路上虽然其他昆虫少，眼蝶倒是挺多的，我记录了好几种。有一只眼蝶，看上去非常特别，没有一般的眼圈，只有中间的黑点。我印象中从未见过这种眼蝶，立即兴奋起来，小心地靠近，费尽力气，双肘沾满了泥土，才拍得一组照片。后来，一位蝴蝶分类专家告诉我，它就是矍眼蝶，因为太旧，黑眼圈没了。旧得丢掉了黑眼圈，翅膀却完好如

失去眼眶的矍眼蝶

初，它的一生还真是顺利平安，明显没有遇到什么波折。

　　中午十二点，我们走到了折返点。他们讨论了一下，按计划是要去看几棵他们关注的树，但是又担心那条路我们行走困难。我和老赵马上表态，说没问题，不会成为累赘。于是，我们放弃了大路，拐进了树林。

　　果然，离开大路后，行进就非常艰难了。这是一条很陡的下坡，几乎无路，草上踩着很滑，每一步都得十分小心。在一棵大树前，他们停下，围着它仔细观察，我才浑身是汗地跟了上来。这棵树足足有 30 米高，比周围的树高出一截，但是它的下半部分只剩下了三分之一的树皮，而且有一个大黑窟窿。护林员说它实际上已经被掏空了，全靠剩下的部分在强撑着。他们评估完后，脸色凝重，这棵树看来还是需要砍掉了，他们关注它已经多年，现在它已无回天之力了。

　　我们继续前进。为安全起见，我收起了相机，专心对付这段山路。最后出林子的时候，是一个约三人高的悬崖，好在有很多结实修长的灌木，可以作为天然的绳降的材料，我们保持距离，一个一个地抓紧灌木，慢慢把自己放下去。这个过程中，我们只顾着互相帮助，我插在背

夜间在灌木上发现的裂跗步甲

萤

包里的伞掉了出来，都没有人发现。

大约两点，我们回到了管护站，结束了当天的巡山工作。虽然腿有点累了，但仍感觉不太过瘾，苏湖林区的树林实在太丰富太美妙了，半日之行，算不上饱览。

黄昏前，老赵休息好了，我也洗完了衣服——趁着烈日的下午，我们忍不住又往林子里走。这次，老赵是挑的视野开阔的一条路，走着走着，发现我们来到了山脊的一侧，左为深涧，右为密林。

其实，山坡从山脊急急下到山涧，再缓缓升起，形成又一个山峦，在这个壮观的起伏过程中，森林从未缺席，它们也在随着坡度下降、升起地起伏着。夕阳下，有落差、有起伏的林象层次分明，小点的树缩在一起变成油画中模糊的色块，直立的大树显露挺拔的身形，夕阳斜斜的，逆光看过去，占得好位置的树木都被勾出了金边。隔着几层这样的山峦，远远的岚影里，浮现出建筑和街道，那里就是勐海县城了。

苏湖林区

野生的球兰在半空中开花了

　　一边看风景，一边欣赏着身边大树上的各种兰科植物，我们走得轻松而愉快。在一棵树上，我发现有一株藤本植物，似有星星点点的花，跑过去仰着脸一看，不由惊喜地叫了起来：野生的球兰！球兰是萝藦科球兰属植物，是近年来园艺爱好者偏爱的新宠，其花如球，精致剔透。野外发现球兰的报告极少，我感觉自己太幸运了。它虽然没有家里种的球兰那么肥嫩，甚至花也没有形成球形，但在这山崖边的树上，斜伸出几枝，无限自在又占尽风光，别有一种骄傲的美。

　　少有的晴朗的一天，对晚上的灯诱是极大的利好。回到管护站后，我又把这个利好给大家分析了一下。于是，从八点起，大家都围着我的挂灯和白布，兴奋地想看看能来些什么奇异之虫。一分钟、五分钟、十分钟……时间在不慌不忙地流逝，白布上什么也没有，空荡荡的，比多雨的昨天寂寞多了。围着的人慢慢散去，九点过后，只剩下了我和老赵。不知道是怎么回事，我仍然信心十足。我对老赵说，不要看啥也没来，但是说不定就会出现戏剧性的场面。老赵点头表示赞同，然后就默默地回房间里去了。

　　空空的院里坐着，除了虫鸣，就只听得到摩托车从院外驰过，"轰"

雨中间隙，扑到管护站院中吸水的拟斑脉蛱蝶

蛾，种类未知

红缘卵翅蛾蜡蝉

窗耳叶蝉

格彩臂金龟有着发达的镰刀般的前足、黄褐色斑点的鞘翅

的一声由远而近，再"轰"的一声由近而远。突然，我听到了由远而近的轰鸣声，但奇怪的是，这一声是擦着我的耳畔飞过去的。我站了起来，这不是摩托吧，与此同时，一个沉闷的摔落声，在离我不远处的地面传来。我坐着的地方有点逆光，眯着眼一看，一只大甲虫仰面朝天地睡在地上，一动不动。凑过去一看，只见它的前足竟然像两根长柄镰刀，远远地向前伸出，心跳立即就有点加速了。以我的记忆，有这样夸张前足的甲虫，再结合整个身体长度来看，全中国只有两个种——阳彩臂金龟、格彩臂金龟——臂金龟属的另外五个种都要小一号了。我尽量镇定地把它小心地翻过来，它鞘翅上那神秘的黄褐色斑点立即进入我的眼帘，没悬念了，这是一只格彩臂金龟。

到勐海县的第一天，我就请老佐带我去了县林业局，查询了局里的部分生物多样性及林业害虫的调查资料。当时，在一份 2016 年调查报告的甲虫名录里看到了格彩臂金龟，不禁小声地惊呼了一声。格彩臂金

灯诱来的鳃金龟，茫然地停在树枝上，不知该往何处飞

树干上的跗花金龟

长角象

龟在我国境内主要分布在云南西南部，广西、甘肃、四川也有极零星的
发现，位于云南南部的西双版纳应该是有分布的，但我一直没有查到具
体的报告。勐海县既然有，我在这里会有数十个工作日的调查，会不会
在灯诱中偶遇呢，我立即摇了摇头——格彩臂金龟实在太稀少了，我怎
么会有这么好的运气。

多年来，格彩臂金龟一直是全球昆虫收藏家们一个分量很重的收藏
目标，它体形巨大，长臂飘逸，色彩艳丽，观赏价值极高。由于种群数
下降得厉害，早就被定为国家二级保护动物。格彩臂金龟幼虫藏身于腐
木中，羽化后并不急于出来，而是待在原地蛰伏一个月，才出来寻找交
配机会，雄虫的一对大镰刀，并非掠食所用（它们饿了会食用树汁），
而是交配时锁定雌虫而用的。当然，这结合了力量和美感的前足，也是
吸引异性的利器。

现在，巨大的格彩臂金龟就在我的手里，这梦幻般的时刻让我大
呼小叫起来，老赵和其他人都围过来，好奇地观看这只不同寻常的大甲
虫。不得不说，这就是我之前描述过的极有可能出现的戏剧性场面。

苏湖林区的白天太不适合寻虫了，但是它的夜晚太适合灯诱了。我
的灯诱吸引来的珍稀或观赏昆虫，可以列出一个长长的名录，但是，没
有哪一只能盖过格彩臂金龟的风头。

角蝉

04

Chapter four

三上南糯山

　　我对云南茶山的了解是从南糯山开始的，接触普洱茶的生茶，则是从居住在南糯山之巅的茶农赛香家里开始的。

　　我还记得第一次上南糯山的情景。那是春节中的一天，天气晴好，我们驱车从景洪出发，不久山路便逐渐升高，感觉到了群峰的山腰，然后向右一拐，便开始上南糯山了。只是这不显眼的一拐，窗外景致即刻大变，不熟悉的植物扑面而来，颇具哈尼族韵味的建筑一一掠过。山路很陡，左弯右拐有直上云霄的感觉。

　　赛香家就在接近山顶的拔马小组。为何叫拔马，是因为翻过山再往下，就有南糯山的母亲河拔马河。

　　春天在南糯山，其实早已开始。赛香家前后都开满了各种鲜花，外面的李花开过了，桃花正开，家里的露台上天竺葵开得灿若朝霞。我们在赛香的茶台前坐下，直接就坐在春天花朵的包围之中。一切都让人欢喜，包括端上手的茶，很香，入口有苦涩但又迅速回甘。

　　我端着茶碗，在露台上隔着花朵和新熟的草莓往外观望，发现他家还真是观察蝴蝶的好地方，几条安静的小路就在不远处聚焦：往前是穿过村里通往茶山的路，往右是我们盘旋而上的来路，往左则既可上山通往一片密林又可下山去往拔马河。这些小路都是非常现成的蝶路，我看到好几种蝴蝶沿着这些路径飞着，在一棵云南柃下交错而过，由于没有水源，它们并不停留，各自继续飞走了。它们飞得那样坚定，仿佛依循着某个导航系统。要是人的话，走到这样的路口，说不定会有很多犹豫：是去茶山干活，还是穿过树林去山顶看云？还是，干脆下山去河边洗脚？

正想着，主人就在喊吃饭了。这一餐，印象特别深的，是哈尼族人的鸡肉煮稀饭，太香了，别的地方还真没见过。很好奇地打听了一下，原来当地人称这道菜叫亚鸡欠玛，鸡肉和米一起下锅，须加姜粒、草果和八角等一起柴火熬煮。如此费功夫，所以要来了贵客才会做的。

　　饭后，我们穿过村庄，去茶山散步，发现南糯山人还真是很讲究，整个山头都开辟成了茶山，但不少大树保留了下来，守护着脚下的小路和茶山，它们沧桑的容颜和身躯，依稀可看到久远森林的气象。因为是旱季，道边的灌木和草丛，略有点委顿，但茶树却绿油油的，已有新芽开始萌发。

　　让我意外的是，路上碰到的几只蝴蝶，阳光下都新鲜得很，非常完整，全没有我习惯的亚热带山地越冬蝴蝶的破旧。看来，它们是刚羽化不久的新蝶。我还观察到凤蝶，有玉斑凤蝶、青凤蝶和碎斑青凤蝶。春节期间，在国内，能看到凤蝶的地方，还真是不多。

　　茶地里，多的还是蛱蝶，虽然没有特别珍稀的种类，但它们忽起忽落，给眼前的景致平添了几分生气。其中的红锯蛱蝶雄蝶，十分抢眼，也并不怕人，可靠近观赏。此蝶还有个雅号，叫梦露蝶，据说是因为翅上红纹部分，酷似美国明星玛丽莲·梦露的红唇。

　　我推敲了一下，拔马小组这一带，树林比较连贯的还是从赛香家上

平顶眉眼蝶春型

玉带黛眼蝶

南糯山的柴火与吊锅

山那条路。所以，回去后匆匆喝了两口茶，提着相机就朝那条路走。刚走上几步，就觉得不远处的一片枯叶动了一下，我好奇地走近想看看，那片枯叶却分成了两半，其中一半像是被什么从原来的叶子上撕了下来，高高抛起，又落下。是一只眼蝶！虽然我并不熟悉是什么蝶，但是它降落的时候我看到了一闪而过的眼斑。它重新停在了之前的枯叶上，但却换了个位置，停在叶柄处。它的颜色和枯叶实在是太接近了，难怪之前我看不出来。这是一只平顶眉眼蝶的春型，其眉眼蝶的特征，要等到夏型出来才能一望而知。很多蝴蝶都分春夏两型，有些区别不大，有些则面目全非，平顶眉眼蝶就属于后者。

一棵老树的树洞里发现群聚的蚂蚁，好像什么也没干，只是挤在那里晒太阳

　　有了这个开始，我放慢了脚步，小心地搜索着脚下的枯叶铺就的路面。果然，迅速就又有了发现：一片暗红色的落叶上停着一只波纹黛眼蝶，一动不动；路边的泥土坡上有一只玉带黛眼蝶，非常活跃，起起落落；远处，一只斑蝶悠悠飞一会儿，又停下，和我保持着安全距离，我看清了它的腹部，不是斑蝶，它也是眼蝶，而且是我一直想拍到的斑眼蝶。可惜的是，可能我脚步太急切，斑眼蝶突然拉高，飞离这条路，朝山下方向的树丛飞过去了。惊喜和失落只在瞬间啊，我平复了一下心情，继续往前走。这真是一条眼蝶之路，不过百米的距离，就能让我看到四种眼蝶。

　　继续往前面走，左边能看到一片老茶树，右边则是杂灌交错。这个环境，如果是春夏之交，必是个寻虫的好地方。

　　第二天，我们一行又下山，去了公路对面的水河寨茶农克当家。克

村里的枯树上发现的啮虫

当很热情，说他安排人把养鱼塘的水放干了，鱼全部弄上来做烤鱼吃。我默默数了一下，客人加上主人不超过十人，能吃完一塘的鱼？

　　一边困惑着，一边打量他的院子，又吃了一惊，原来院子里就有好几种蝴蝶在飞。他家的李子树花开得晚些，吸引了一只报喜斑粉蝶和一只青凤蝶在空中忙个不停。而潮湿的地面，则有黄钩蛱蝶和大红蛱蝶在吸水，但是忙碌的脚步让它们不断被惊飞，好在不飞走，盘旋一圈又回到原地。

　　我想利用饭前的时间去水河寨四处走走，便开车出了院子，沿着山脊往上开，一路经过的村舍都很讲究，家家花木繁多，种类还各不相同。到了高处，停车四望，景致非常迷人，茶山在脚下层层错落，如墨绿色的巨大台阶，最下面是湿地，虽是旱季，却也隐隐有水雾弥漫。经过了所有村舍的路，还在继续往前延伸，一头扎进了树林。

　　回到克当家的时候，差点以为走错了门，似乎整个寨子的人都来了，院子里挤满了人。人多，却不乱。忙碌中分工明确，秩序井然。男人们有剖鱼的，有用竹签串肉片的，有烤鱼的。女人们有摘木瓜的（后来才知道，是做凉拌木瓜丝，超级好吃），有剁各种香料的，也有烧水泡茶的。原来南糯山人是这么过节的，来了客人，有了由头，整个寨子一起过。怪不得克当要安排把一个水塘里的鱼全捞起来。

五月，雨季已至，但连绵不断的雨天尚未开始。这是最好的时候了，草木得到滋润，新叶勃发，花朵盛开，看到的一切都仿佛在安排一个盛大的夏天。

我又来到南糯山石头老寨，和上次一样，先在赛香家喝茶，然后到茶山走走。这一走，发现气象完全不同。

如果说春节期间的石头老寨，还是个略为冷清的舞台，那五月里的寨子和周边，已有众多明星级物种纷纷登场，你来我往，令人目不暇接。这样的情景中，要找到我感兴趣的昆虫，其实还有着另外的难度，有点像在人头攒动的集市上找人，格外考验眼力。

刚到茶山小道，我的视线就被几只蝴蝶牵来牵去，根本来不及仔细看看道路两边的灌木和草丛。确信那几只蝴蝶既不肯落下，又比较常见之后，我干脆把视线从天空中收回来，在繁茂的树丛里逐行地扫描，果然有收获。我在一棵大树靠近泥土的树干上，发现了一只从未见过的锦

春节期间的南糯山

突眼蝇很少，刚发现一只

斑蛾，前翅上的大小白斑分外醒目。毕竟在茶山，首先想到的就是锦斑蛾属的茶斑蛾，但是茶斑蛾的白斑都比较大。我一边拍，一边使劲回忆，终于想起了。之前读过一篇文章，有人在台湾山上，带回一只啮食茶树叶的幼虫，小心饲养，终于得以成蛹并羽化，结果是一只台湾茶斑蛾，那只蛾子就有着这样的大小白斑。原来，云南也有台湾茶斑蛾啊！看来，台湾茶斑蛾是台湾特有种的说法，值得商榷啦。

还没从意外遭遇台湾茶斑蛾的兴奋中冷却下来，同行的人就发现了一只天牛，一只非常漂亮的天牛。它是丛角天牛，全身闪着金属般的蓝光，但是腹节间和六足的基部又身着红毛，鞘翅上的斑点也很讲究，一对圆点，两对横线。最有趣的，还得数它的触角，从第三节往上，每节都有一个黑色的精致毛球，长得颇有创意。我敢说，如果戏曲演员的翎子设计师早看了这只天牛的触角，说不定受启发后，会创意出一副与众不同的翎子来。

丛角天牛头部特写

台湾茶斑蛾

老鸦嘴，春天是它花开得最好的时候

　　毕竟是饭前散步，时间有限，我们没能继续往前，匆匆就结束了。饭后，我都等不及喝茶了，兴冲冲提上相机就走。春节期间我拍到几只眼蝶的那条土路，无论如何也要去走一走啊。

　　这一次，我放过了眼蝶，直接穿过浓荫里的这段路，来到坡顶。这里由悬钩子和菝葜为主构成的杂灌长得非常好，凭经验，里面应该不乏有趣的小东西。

　　我小心地慢慢弯下腰，仔细观察，结果一团虫粪直接就闯进了我的视线。咦，不对，虫粪为什么会闪着蓝黑色的光呢？我重新又看了看，哈，这可不是虫粪，是伪装大师瘤叶甲，它非常有幽默感地模拟了一团虫粪，但是从侧面看过去，它的复眼、足和触角还是很清楚的。只是，它狡猾地把触角藏到了下面。还真得这样藏起来，哪有虫粪会长着一对天线呢？

　　接着，我在悬钩子厚厚的叶子上，找到了一只梳龟甲，尽管我动作

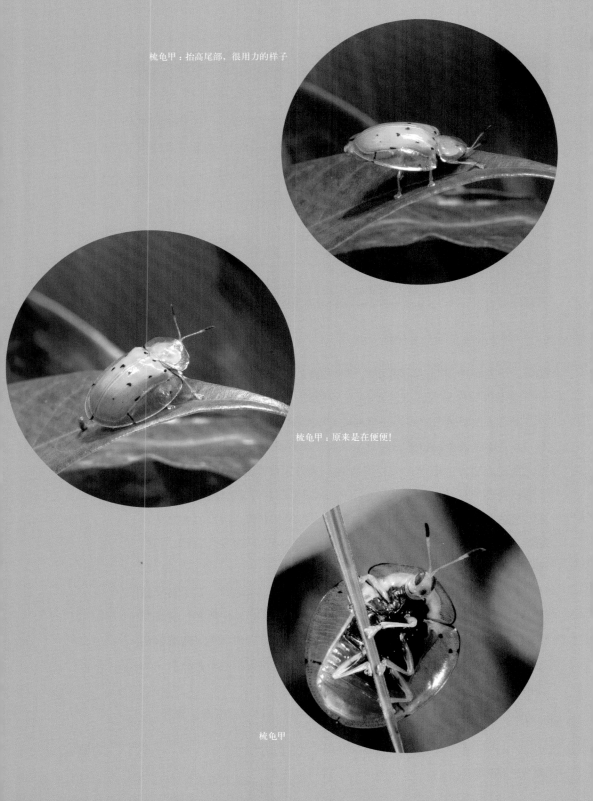

梳龟甲：抬高尾部，很用力的样子

梳龟甲：原来是在便便！

梳龟甲

瘤叶甲

很小，还是惊动了它。它爬到叶子的最高处，左右晃动了好几下身子，才弹开半透明的鞘翅，很优雅地飞了起来。很多甲虫都有这个起飞姿势，难道是为了把鞘翅和膜翅整理好，以免发生飞行意外？

做了这么周密的准备，它只是飞到了另一片叶子上，离我甚至更近了。原来，它是个短距离飞行爱好者。我很想继续观察它的起飞过程，于是轻轻朝它吹了口气。它有点紧张地飞快爬到叶子的高处。要起飞了！我睁大了双眼，想看清楚这个过程。它并没有像之前那样左右晃动身体，而是高高举起了尾部——它只是紧张地做了一个排泄动作，就爬到叶子后面去了。

我又好气又好笑地直起身来，走开了。在另一丛灌木，我又有了发现：这里的昆虫种类简直太丰富了，而且有很多有意思的物种，有头部长着一对铁角的角蝉，有大名鼎鼎的多恩乌蜢，有身体如美玉般圆润的三椎象……要是时间足够，我可以在这里待上一整天，而不是区区一两个小时。

七月，雨季进入高潮部分，无休无止的雨让一切都似乎长出了青苔。

角蝉

多恩乌蜢

南糯山的半坡，植被非常好

我和老佐聊起南糯山寨，他强烈建议我去走一下半坡老寨那条山道。

"半山比山顶的植被还好？"我有点意外。

"当然。"他肯定地说。

于是，选了个暂时晴朗的上午，我们驱车直奔南糯山，在半坡老寨小组前的空地停好车后，沿着茶王树的路标方向往里慢慢走进去。

老佐是哈尼族，给我讲了很多有趣的事，比如，哈尼族自古有名无姓，所以父子连名，儿子会取父亲最后一个字作为姓氏，这样，每个人都可以逐代往上查到自己的来源。父子连名的结果是，哈尼族人的名字里藏着一条寻找祖先的路。哈尼族人非常尊重前来教书的老师，有些寨子，会按老师的姓给小孩取名，比如老师姓黄，一个寨子的小孩都姓黄。

这一带还真是保持着森林的气象，山谷在左，茶山和老寨在右，左边万木葱郁，淹没了整个视野，右边的坡壁上也长着各种植物。阳光洒

克当家自种的杯鞘石斛

这只草蛉幼虫已经算很大胆了，身子从伪装包下露出来这么多

在了小道两边的灌木上，各种昆虫绝不会错过这样的机会，都从各自的避雨处爬了出来。

短短的 100 米，我就记录了 20 多种昆虫。叶蝉似乎特别偏爱这里，我发现了六七种，特别仔细地拍下了其中很少见到的种类。还有一种小蟌，也没见过。后来蜻蜓专家张浩淼确认是佐藤长腹扇蟌未成熟的雄性。日本人在云南采集昆虫标本进行研究很早，所以这只云南小蟌取了个日本名。

老佐发现了一只蜻，我凑近一看，是从未见过的物种，半透明的身体非常特别。又仔细观察了一下，其实就是峰疣蜻，因为刚羽化不久，背上的峰还不显眼而已。不久后，它身上的色素就会逐渐呈现出来，眼前它正经历奇妙的过渡阶段。

这条路上有不少溪流，由右边的山坡流向左边的沟谷里。每到溪

佐藤长腹扇蟌，雄性

刚羽化的峰疣蝽

翅叶木，比较罕见的热带植物　　　　　　　　　　半坡老寨的茶王树　佐连江摄

流，我都看了又看，还给老佐说，旱季的时候，这种溪流附近可是拍蝴蝶的好地方啊。正说着，突然有一个东西"嗞"地飞过我耳畔，我立即停下聊天，瞪大眼睛跟踪。这东西灵活地在空中绕了几圈，然后在潮湿的沙地上停下了。

"绿弄蝶！"我很轻地叫了一声，怕惊动它。绿弄蝶虽然常见，但颜值很高，很受蝴蝶爱好者喜欢。

我蹑手蹑脚极为小心地靠近它，把相机慢慢伸过去……但是，警觉的它立即起身飞走。一次，两次，三次，终于，我成功地拍到了满意的照片。到后来，它已经习惯了无害的我们，只顾吮吸，对相机和闪光不

大伞弄蝶

闻不问。

一边拍着，一边觉得有什么地方不对。我终于发现了，这只弄蝶虽然全身泛绿，但后翅臀角并无醒目的橙黄色斑，它不是绿弄蝶，而是伞弄蝶。后来我进一步查了资料，这是一只大伞弄蝶。在我的查阅范围内，西双版纳的蝴蝶里并没有大伞弄蝶，所以，我们有了一次大伞弄蝶的分布新记录？

我们讨论着弄蝶，继续往前走，老佐突然停下了，望着远山发呆："那边在下雨，快过来了。"

下雨？我们头顶上明明阳光灿烂啊。

我疑惑地顺着他的视线看过去，勐宋方向的上空，果然已一片乌黑，而乌黑的下面，是模糊的半透明的，仿佛在我们和远山之间，有人放置了一块巨大的毛玻璃。这块毛玻璃闪烁着，正缓慢向我们这边靠过来。

"得赶紧找避雨的地方。"老佐说。

我们加快脚步往前赶，还好，不远处有一个茶舍，大门敞开，空无一人。我们进去站定了，再回头看勐宋方向，只见山谷里由远而近，森

带天牛

林依次摇晃，就像有一群半透明的巨人踩着森林向我们走来。刹那间，乌云遮住了天空，暴雨倾盆而下。而巨人们并未停止脚步，它们越过我们头顶，继续向前。

可能不到十分钟，雨就经过了我们站立的茶舍。天空虽未出现阳光，但暴雨变成了雨丝。我们继续出来搜寻昆虫，周围的一切就像什么都没发生一样，只是茶树林挂满了雨珠。

草丛上其实也挂满了水珠。一只钮灰蝶，站在一片禾本科植物的纤长草叶上，津津有味地吸水，这画面倒也十分安静。我蹲下来，准备拍

钮灰蝶：突然有另一只飞过来碰了一下触角就飞走了

方裙褐蚬蝶

老佐正在拍摄蝴蝶

下这个画面。就在按动快门的一瞬间，有个什么东西飞进了画面，然后又迅速消失了。我定睛又看了一下草叶，上面那只钮灰蝶仍然在安静地吸水。我调出刚拍下的照片，奇迹发生了，我拍到的是两只钮灰蝶，它们的触角友好地碰在了一起。原来，就在我拍照的时刻，另一只钮灰蝶飞过来，和这只钮灰蝶打了个招呼就飞走啦。

潮湿的空气中，仍有蝴蝶飞来飞去，其中黄带褐蚬蝶特别多。这种蝴蝶特别机警，就在你眼前晃，要想拍到它却并不容易。我在试图拍摄一只黄带褐蚬蝶的时候，一只看上去比较旧暗的蚬蝶受惊飞起，我也大吃了一惊，因为它看上去很像方裙褐蚬蝶。此次出发来勐海前，曾做了一些功课，并未发现勐海甚至整个西双版纳有这个蝴蝶的记录。可它只在草叶上短暂停留，就飞向左边的山谷，还好我拍到一张照片。仔细看了看照片，我确认就是它，不禁暗自欢喜。

虽然这场雨过去了，但是蓝天不复出现，我们的头顶越来越暗，估计还会有雨。我们前去观赏了一下茶王树，就匆忙撤了。

尾管犁胸蝉群聚的若虫

05

Chapter five

初探
大黑山

我们从苏湖管护站出发，取道勐遮，然后上巴达山。

天气一直灰蒙蒙的。我们身后的群山还好，在云层和山顶之间，露出些缝隙，能看到蓝天。有时候一吹风，这些缝隙就会迅速扩大，直到我们头顶都变成蓝天白云。但是前方没有，几座山头都带着云朵的帽子。巴达山上可能正在下雨，老佐一边开车，一边分析着。

上山的路并不好开车，路面填充了石子，但没有硬化。车子在连续不断的震动中顽强前行，过了去章朗古寨的路口，又盘旋而上。山上的植被状况不错，有时是连绵不断的树林，有时是整齐的茶山，但茶山之间的深沟以及公路两侧，都有着高

长满了附生植物的云南杉

大的树木。

透过车窗，我看到有紫茎泽兰，就向老佐打听这一带紫茎泽兰的危害情况。老佐是哈尼人，巴达山是他老家，山上的情况他非常熟悉。他说，以前这些山坡，差不多都被紫茎泽兰覆盖了，后来开垦做茶园，加上人们对树木的保护，茶树和树林都长好了，紫茎泽兰才退缩到一些角落里。

正说着，车窗外面景致大变，车不知不觉开进了茂密的森林。浓雾弥漫中，大树小树挤在一起，各种藤蔓同时缠绕在几棵树之间，构成独有的幽深而神秘的森林气象。大黑山到了！老佐说，声音有几分骄傲。

我们应该是开进了上山前看到的云朵深处，空气中充满水雾，整个森林还不能看得很清晰，但仅仅是若隐若现的部分，已让我激动起来，恨不得立刻进入林子里去察看一番。不过，大黑山原始森林还在贺松寨子后面，得按计划来。

进寨子之前，我们停了一下车，就在下车的地方，我看见一只细小的甲虫受惊飞到更高的草叶上，凑近仔细看了一下，是从未见过的一种

多依果

小道边发现寄生植物杯药草的花，它无茎无叶从落叶堆里长出来，非常奇异

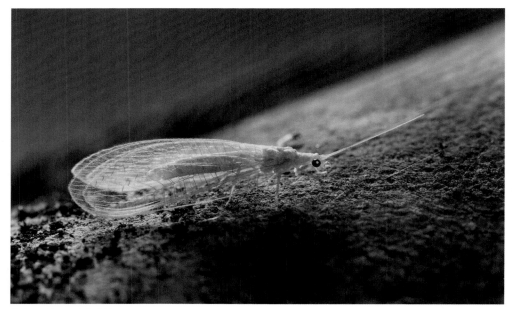

黄昏飞到木屋上来的草蛉

旱季中，在大黑山灯诱来的天牛

上海蜡蝉

蟋虫

叩甲

意识到危险，这只象甲紧贴着树叶以缩小目标

虎甲，比树栖虎甲更纤小，全身浅绿色。等我回车上取到相机，它已不知所踪。这地方好神奇，随便停了下车，就能看到没见过的虎甲。野外能见到的虎甲不少，但种类并不多，自从在重庆四面山、海南岛尖峰岭以及沙巴的沙滩上拍到球胸虎甲等三种虎甲后，我已经有好几年没有见到过新的虎甲。擦肩而过，没能拍到它，也就失去了确认物种的机会，实在可惜。为什么下车的时候没有把相机提在手上，我多少有点懊恼。

老佐的朋友香特——一个个子不高的哈尼汉子在寨子口接了我们，带我们去他家午餐。他家是传统的干栏式木建筑，有两层，底楼分类放置杂物皆作通道，二楼才是生活起居场所。我特别喜欢他家二楼的几处阳台，都能看到不错的山景。

这个寨子里，每家的院子都不算大，香特的木楼四周仍然都种上了树番茄和各种香草。以我的经验，他家处在寨子的入口处，种满花草的院子应该是极好的拍蝴蝶的地方，当然，这得是阳光普照山寨的时候。可惜雨雾刚散，空气都是湿的，视野里并无蝴蝶飞舞。

香特为我们准备了哈尼族的家常饭，我印象最深的是土豆，太好吃了。我们急着进原始森林，吃完饭也不喝茶，直接下楼，驱车穿过寨

子，沿着一条陡峭的山道上行。这条山道估计一般的司机也不敢开车上来，雨水把路冲出很多沟壑，路面又有一层浮泥，老佐仗着自己驾驶的是越野车，强行开了两公里左右，不敢再往前了。我们两人下车，步行继续往上走。

此时，阳光灿烂，周围被淋透了的植物都闪闪发光。半人高的悬钩子（从叶子形状和果实来看，很可能是粗叶悬钩子）在这里占据优势。我是见悬钩子挂果必试吃的，从南到北，估计试吃过 30 种以上。这广为分布的带刺浆果，增加了我的野外漫步的趣味。摘了几粒，果实多毛，入口甜中带苦，不算好吃，放弃。但是这一丛丛悬钩子里的昆虫，却真的很多，仅象甲就发现了三种。

老佐着急探路，一路往前去了。我怕错过精彩物种，走得很慢，在后面一路搜索着，缓缓向前。一个三岔路口，我干脆停下来，因为在我的视线里有好几种蝴蝶在活动，有眼蝶，也有灰蝶。

它们看起来都近在咫尺，但要接近任何一只都并不容易。像我这个严重依赖 105 mm 微距镜头的人，是绝不愿意在有效焦距外进行拍摄

四月，在大黑山拍到的艳妇斑粉蝶

的，那样拍到的蝴蝶，细节总有点看不清楚。还有一个原因，拍蝴蝶最需要的是合理的机位，即相机和目标的相对位置。相机必须足够近，足够低，蝴蝶才会成为画面里的唯一主角，才能获得展现它的美和尊贵的角度。平日里，我已经练出了缓慢靠近它们的能力。蝴蝶对快速移动的目标非常敏感，但对缓慢移动的目标却往往察觉不到。这或许是因为它们复眼结构的缘故。如果你足够慢，慢到自己都觉得像几乎没有移动一样，那就有机会接近它们。缓慢移动自己的身体时，脚步移动的位置也很重要，这个有点像打太极拳，移动的每一步，身体都必须能保持平衡才行。否则，身体出现晃动，蝴蝶就惊飞了，前功尽弃。

一只，又一只，我逐个接近并拍到了它们。包括一只钮灰蝶，不起眼的它，独占整个画面的时候，呈现出罕见的优雅。每一只远远看起来很普通的蝴蝶，当你以 10 厘米的距离去观察的时候，都会呈现出各自不同的特别的美。我想这正是上苍的本意，每一个经历漫长进化并得以幸存的物种，都是自然的伟大设计。关键在于，我们是否有机会去感受到它们的美。寻找并感受有差异的生命之美正是我一直进行田野调查的动力。

继续往前走，路边出现了几种豆娘，而且我听到了树林里传来的水声。正打算好好观察一下它们，一场阵雨完全没有预告地来了。此时，老佐已经走到了水坝上，我们会合后找了个地方避雨。这还真是场过路的雨，不到半小时，雨停了。阳光重新洒了下来，可能隔着雨雾的原因，没有之前那么强烈灿烂了。

大坝面对库尾的左侧，有一条路向左边钻进密林。这条路通往大黑山的古茶树群落，所以常有爱茶人或观光客来膜拜。这里的古茶树早在 20 世纪 60 年代就被人发现，而且确认是原生的野茶树，树龄在 1700 年以上，最大的一株高 30 多米，分枝部位也较高，说明它生长在密林里，必须挺拔向上才有存活机会。但是资料上说海拔 1500 米，这个应该有误，因为贺松寨子的海拔已然 1800 米，而原始森林还高悬在寨子的头顶。为了印证海拔的准确数据，我在路口测了一下，海拔已超过 1900

异蜡若虫

长尾褐蚬蝶

米了。这么高海拔的古茶树群落，作为普洱茶树种的来源，作为未被人类干预的非栽培树种，具有极高的研究价值。

雨季里，这条路相当冷清，小路上覆盖着层层落叶，有的腐烂变黑，有的还是黄的和红的，感觉踏过落叶的脚步稀落。当地人说雨水多的时候，里面的蚂蟥很多，所以不愿涉足。我们踏着落叶，小心往里走，头顶上遮天蔽日全是树枝和藤蔓，我赶紧把手电筒掏出来，不然，就真成了赶路了，什么也看不见啊。

"小心，脚下有东西！"我正随着手电筒光东张西望，老佐在身后叫了一声。我低头一眼，一只从未见过的金龟子在落叶里爬着，差一点就被我踩着了。我捡起来一看，颜色很不一般，像一颗蓝宝石。它比最常见的绿丽金龟宽些，显得强壮有力。最初，我以为它是生活在树干上的，只是偶然原因掉了下来，后来仔细观察，种种特征表明它是一只粪金龟，那么它就本该是在落叶里穿行的。

从这片树林穿出来，天空又飘起了雨，这里右边差不多已是水库的库尾，小道变成了沼泽，淤泥深得无法下脚。还好小道左边的坡地有一

青园粉蝶

某种叶蝉

跳虫也在树干上躲避雨水

身着迷彩服的叶蝉

蓝宝石般的粪金龟

奇蠓，这个种类复眼上方有着华丽的羽冠

小块茶地，茶树挂满青苔和各种寄生植物，细雨中，它们像一群披着蓑衣的农人，在这里一站就是几十年。这是哈尼人放养于深山的茶树，无人照顾，全凭原始的生命力去挣扎求生，在丛林中赢得一席之地。我们弃道，缩手缩脚钻进了茶树林，尽量不碰落太多的水珠。茶林旁有一棵云南杉，它的果实就是勐海人喜欢的多依果。数了一下，这棵树上的附生植物和苔藓接近 20 种，实在太壮观了。它简直就是一个植物的微型博物馆。

前面的树越来越高大。我测了一下，海拔已接近 2000 米。

在树林里继续行走，也继续用手电筒搜索，发现一个规律，就是树干上停着的昆虫最多。我分析，在阵雨和强风的不断打击下，再厚的叶子也会像汪洋中的小舟那样一会儿被举起，一会儿又被掷下，纹丝不动而且相对干燥的树干就成了绝佳的避难所。

可能是泥土里的雨水太多，连跳虫也爬上了树干。跳虫是昆虫的近亲，同属六足总纲，一般在土壤里常见。我见过的跳虫都是常见的（我家花盆里都能找到），多数颜色灰暗。但大黑山的跳虫居然是黄色的，在绿色为基调的树干上非常醒目。这么鲜艳的跳虫我还是第一次见到。

再仔细观察，除了少数成虫外，树干简直就是昆虫的幼儿园啊，半翅目、直翅目、鳞翅目的宝宝各自占得一片天地。这不像是夏天，更像是山下早春的景象。感觉是春天刚到，而夏天还很遥远，宝宝们还得耐心成长。不知道大黑山的冬天是怎样的，即使有，也会很短暂吧。随着雨季和旱季的交替，大黑山很可能不断地在进行春天和夏天的转换。

在近距离观察树干的时候，我眼睛的余光发现有一小片苔藓动了一下，难道不是苔藓？我看了一下，这个小东西和苔藓颜色上没什么区别，但是手电筒光下略有反光。凑近仔细观察，不禁惊叹了一声，原来，这是一只身着迷彩服的叶蝉！叶蝉因为灵活、警觉，能在意识到危险时用强有力的后足把自己弹射出去，它们的跗足有着整齐的齿状结构，在多次观察后我认为这些齿能像弹簧一样，在弹射时发挥作用。也

赭腹丽扇螅

许正因为如此，很多叶蝉颜色鲜艳，和它们刺吸的植物颜色反差很大。所以，这么讲究伪装色的叶蝉我还是第一次看到。

从在寨口与未知虎甲擦肩而过开始，几个小时下来，感觉到大黑山的昆虫与西双版纳其他地方反差很大。可能因为海拔的原因，这里已属于亚热带而非热带，但和别的同海拔的森林比起来，它又有少见的温暖和潮湿。特别的气候和环境，必须有着特别的精灵存在。

正在兴致高涨时，雨又开始了。想起吃午饭时，香特说了段很有意思的民谚："巴达的雨，西定的风，布朗山的路。"这是说的勐海人最头痛的三件事。作为巴达山脉之巅的大黑山，果然印证了民谚。雨还真是以各种方式下，在任何时间下。整个山都湿漉漉的，不管地上的石块，还是参天大树，都身着苔衣。大黑山是一个青苔统治着的世界。

我们仰着脸看了会儿天，天已全部昏暗，而且有一边发黑，似有更大的雨在云层之上筹备。为安全起见，我们只好停止了前行，折身往回走。

曼稿是旱蚂蟥少的地方，大黑山是旱蚂蟥多的地方。我在曼稿已中

枯叶钩蛾

招，大黑山可得小心了。这么一想，每走几百米，我就会用手电筒检查一下自己的鞋和裤脚，看有没有旱蚂蟥上来。要知道，旱蚂蟥刚上脚的时候，细若游丝，要吃足了血，才能看出是肥肥的蚂蟥模样。

快走出树林时，老佐见我这么小心地检查，也低头检查了一下，结果他在自己鞋上发现了两条。

"一会儿出了树林，我们再仔细检查一遍，既然有了，可能就不止这两条。"我说。果然，第二次检查，老佐又在脚上找到一条。在传说旱蚂蟥多的雨季中的大黑山，我们有惊无险，也算全身而退。

褐缘原螳

06

Chapter six

布朗山考察记

金秋十月，是布朗山的好季节，无休无止的雨季终于结束了，潮湿的森林、潮湿的寨子、潮湿的蝴蝶翅膀都等到了好时节……一切潮湿的终于可以在阳光下好好晒晒。

我一直在耐心地等着雨季结束，在泥泞少的时候，去造访这座神秘的大山，特别是向往已久的布龙自然保护区才更美妙吧。

其实我还不能说没去过布朗山，因为曾经造访过班盆、贺开和老班章三个寨子，还在老班章的后山徒步过，它们也是布朗山的重要部分。但要说对整体的布朗山，这样的寻访是远远不够的，即使是老班章的后山，仍然只是布朗山原始

布龙保护区森林

公路穿布龙保护区原始森林而过 佐连江摄

森林的外围。

终于，十月的一天，依旧是老佐驾车，我们从勐海朝着布朗山出发了。头顶上的天空一会儿阴一会儿晴，阳光随着移动的云扫描着山峦和田野。毕竟雨季刚结束，天气还不稳定。阵雨和烈日交替到来，仿佛一个人的悲喜交集。

老佐说，到布朗山有两条路，一条路是从老班章进去，一条路是一直往打洛方向走，然后再经新竜村进去。为了给我一个完整的印象，我们从后一条进去，然后回程从前一条出来，这样，相当于围着布龙保护区绕行了一圈。

离开国道后，一路景致不错，有几处还有非常好的森林。沿途看见收割稻谷的村民，也有人拿着长长的竹竿打番石榴。停车问了一句，采果的人立即友好地把果子递过来给我品尝。

总车程约 90 分钟，就到了目的地新竜村委会。这是老佐推荐的灯

两眼之间有斑点，使这只卷象
看上去像有三只复眼

诱挂灯点，我下车四处查看了一下，感觉离原始林区还太远了一点，近一点的是橡胶林和田野。如果是旱季，只要附近几公里有原始林，挂灯的地方开阔无遮挡，是完全没问题的。但是雨季刚过，天气还不稳定，这个地点就不算太理想了。

于是，我们继续往前开，可能只有两公里左右，就到了新竜桥。这里出现了几户人家，从几处建筑和堆积的材料来看，原来这里可能是公路建筑或养护队的一个点，由于布朗山茶叶名气逐年上升，附近村寨里的茶农看中了这个地方，也到这里开店或居住，形成了一个微型村落。

石桥的两端，好多蝴蝶兴奋地飞来飞去，一片繁忙。我们赶紧把车停下，下车一看，我就明白这里为什么蝴蝶多了。只见桥下一条溪流穿过，和桥同向还有另一条更大的溪流，加上公路，相当于三条蝴蝶飞行线路在此交叉。此处离布龙州级自然保护区的入口很近，几乎是林区的边缘。从相对阴暗的林区飞出来的蝴蝶，到了这里，正是晒太阳，补充各种营养的驿站。各种因缘际会，让这里成为蝴蝶纷飞的极佳地点。

我们都觉得这个地方好，老佐四处打探，寻找晚上的落脚点。我就

被我营救到户外的窄斑凤尾蛱蝶，并不急于飞走 佐连江拍摄

彩蛱蝶

不顾一切地进入了拍摄准备状态。在西双版纳，我养成的一个习惯，是遇到蝶群先仔细观察一下，该先拍什么。是整个蝶群，还是某一两种特别难得的种类。之前经常出现的状况是，掏出相机就拍，拍着拍着，才发现惊飞了罕见的蝴蝶。

我轻手轻脚，四处观察了一下。发现蝶的种类还真不少，其中蛱蝶最有价值，多达五种，又以彩蛱蝶、丽蛱蝶比较罕见，还都新鲜完整；窄斑凤尾蛱蝶数量最多，拍到它的机会多，可以暂时不急；有白带螯蛱蝶在地上吸水，这种蝴蝶虽然常见，但凑近的机会却不多，可惜仔细看后翅残了。

我先试了试靠近丽蛱蝶，它超级敏感，两米外就拉高飞走了。我马上把目标锁定为彩蛱蝶，它活跃得很，灿烂的黄色像阳光下的金箔，后翅有漂亮的小尾突，拍了好一阵儿，才有了满意的照片。可能是看到满

燕凤蝶

2019 年四月，旱季的尾声，在小杨家附近拍到的大二尾蛱蝶

意的照片，我略有松懈，动作幅度加大，把它惊飞了。其他的蝴蝶我就不挑了，银灰蝶、窄斑凤尾蛱蝶、玉带凤蝶、各种斑蝶……哪一只近就拍哪一只，不知不觉拍了20多分钟，还顺便拍了地面上不怀好意靠近蝴蝶的蜥蜴。

一回头，发现老佐站在我身后。"这么多蝴蝶，为啥不拍？"我觉得很奇怪。

"微距镜头忘了带。我正在想办法，让班车带过来。"他看着那些蝴蝶，郁闷地说。

我们暂时离开蝶群，去看老佐发现的一处灯诱点。这是一幢超大的房子，外形像土司的碉楼，它就建在两条溪流交汇点附近，大门旁立有巨石，上书"和蛮部落"。房子左侧有一个露台，独自面对空旷的溪谷和对面的森林，确实是一个极好的挂灯位置。

"这是茶人的家，我都说好了，住也没问题。"老佐说。

搞定了晚上挂灯的问题，我们都松了一口气。在热带雨林考察，灯诱是观察昆虫的最有效的方法，灯诱加上夜巡，收获往往超过白天。

我们重新上车，继续往前开，不过几百米，就看到了西双版纳布龙州级自然保护区的牌子，此时，车窗外已是另一个世界，巨大的古树沿着溪谷排列成阵，遮天蔽日。简易公路沿着溪谷一侧的山腰往前伸展，

有"和蛮部落"的石头后面，是我们进行灯诱的露台 佐连摄

悬停在"肥料包"外寻食的透翅蛾　　　　　　　灶马啃食鲜嫩的蘑菇，这样的场面还很少见

一连几公里，头顶上的藤和树非常浓密。和其他保护区的公路不同的是，这条路直接横穿核心区腹地而过，奢侈而又罕见，七公里的路堪称我见过的最美公路。公路一侧的山坡收集的雨水，还形成了不少小瀑布或水潭，我们忍不住了，不时停车下去观赏一番。路上看到一些适合停车搜寻并拍摄昆虫的点，我都记下了。

车开出原始森林后，经过一些过渡地带，不久就到了布朗乡，我们简单地吃了点东西，继续往前开，想到保护区的另一侧去看看植被情况。其中一个村子叫勐囡，我提着相机，穿过了村子，一直走到村后面，那里一条小路通向密林深处，路口处还有户人家。我在那里逗留了好一阵，很喜欢这个地方，感觉周边的林木不错，可以作为备用的灯诱点。

回程，车又经过超美的原始森林公路。在一个路面宽阔的地方，车惊起一只蝴蝶。我看到翅的正面一片白光，斑粉蝶啊，再一看，反面似乎并无红白色斑，赶紧请老佐停车。凭我的经验，应该是只好蝴蝶，斑粉蝶属我还有好几种没拍到过呢。

等我站定，发现这只蝴蝶已经拉升到树梢去了。不甘心就这样离开，我和老佐商量了一下，趁现在还有阳光，他去拍前面的红叶（西双版纳还真是难得见到秋色的，刚才他看到一树红叶，很兴奋），我就在这儿蹲守，说不定这只蝶还会回来。

砍蛱蝶

　　我躲到蝴蝶刚才落脚点不远的地方，安静地等着。比我想象的还快，才五分钟，这只蝶悠悠晃晃，像一片树叶飘落下来。我缓慢地靠近，把它彻底看清楚了，原来不是斑粉蝶，而是传说中的锯粉蝶，它前翅肩部的钩形黄斑太特别了，像勇武的铁钩，又像慈爱的祥云。锯粉蝶这个属我还从未在野外相遇过，我拼命克制住自己的激动，慢慢把相机往前伸，刚拍一张，它就警觉地离开了。

　　我退后两步，又像刚才那样安静地等着。这次就不容易了，锯粉蝶在空中出现了好几次，晃晃悠悠，但就是不下来。足足有十多分钟，它突然就又下来了，落在了刚才的位置。我不敢靠得太近，远远地拍了两张。这时，一辆车经过，刮过的风把它带得东倒西歪，它再次飞起，远远地消失在树梢间。我叹了口气，站了起来。

　　下午三点，我们回到了新竜桥，我这才进入土司城堡风格的和蛮部落。男主人不在，女主人小黄友好地接待了我们，带我们去看各自的房间，又匆匆下楼，她得准备炒菜做饭。

　　我在城堡里到处逛，从平街的三楼进去，一直逛到负二楼，这里和溪流是一个平面了。正准备出门看溪水，一抬头，乐了——这层楼的玻璃窗上，竟停着七八只窄斑凤尾蛱蝶。原来，空旷的房子，到处是门，常有蝴蝶进出，而玻璃窗很容易被蝴蝶们误认为是出口，结果困在那里。

我动手开窗放蝶，但并不容易，窗户关得很紧。只好动手把蝴蝶往门口方向赶，蝴蝶一只只逃回到阳光下，四散飞去。但有一只，却盯上了我汗湿的手，很舒服地停在我的手指上大吃大喝起来。它平摊在我手指上，给了我在阳光下仔细观察的机会。

好几分钟后，我轻轻把它引到石墙上，我们终于各自获得了自由。

我这才回屋拿上相机，顺着溪流一直向溪谷走去。两条溪流合并后，汇入开阔的谷地，谷地和两边的树林之间，平摊着一层薄雾，很美。

和公路虽然相隔不到百米，这里的蝴蝶却完全不同，数量最多的是苎麻珍蝶，在溪边潮湿处还有玉斑凤蝶和巴黎翠凤蝶时飞时停。沙滩上虎甲不少，每往前走几步，都会有几只斜斜地窜飞到前面不远处落下。一只鹤顶粉蝶，在灌木丛和沙滩之间飞来飞去，偶尔落下，又立即飞回天空。我观察了一阵儿，估计机会不大，悻悻地提着相机往回走。

突然，远远地看见一汪清水中，有什么抖动了一下。我快走几步，看清楚了，有一只娇小的燕凤蝶，正站立水中贪婪地吸食着，它闪动的翅膀几乎快贴到水了。我顾不上照顾自己的鞋，直接就踩进了水里，只有这样才能拍到满意的照片。我拍了一组，不忍心惊动它，没有太多停留，又轻手轻脚退回到路上，蹲着，看了好一阵儿它戏水的样子，才离开。

傍晚，面向溪河的露台上，我们的灯亮了。前面一两个小时，灯下的白布上，几乎没有什么有趣的客人。附近草丛的繁殖蚁、小型蛾类什么的在那里纷飞。屋里的中央，是和蛮部落的超大茶台，小黄为我们泡上了她家自己的茶，戈新竜寨子里的大树茶。我之前只喝过曼新竜，那强烈的苦涩，不亚于老曼蛾。戈新竜近在咫尺，我估计也差不多，做好了思想准备后，一入口，还很意外，几乎是满口甘甜。布朗山的茶还真是一个寨子一个味道。

见灯下没什么收获，我和老佐干脆开车进保护区夜探。我们就在入口处停下，依我的经验，桥头的岔路口，往往是各路小型动物旅客往来

深夜发现的两只幼鸟

的驿站。

我们一前一后用手电筒仔细察看道路两边的树干、灌木和草丛。不到五分钟，我的手电筒在一根树枝上照亮了一团毛茸茸的东西——松鼠？为什么会蹲在这么细的树枝上？我缓缓靠近，睁大眼睛细看，原来，是两只毛茸茸的小鸟凑在一起，黄黄的喙蓬松的羽毛，光亮惊醒了它们，它们两个都睁开了干净的眼睛。我移开了光线，让老佐也过来观赏。还好，我们都没有太大地干扰到它们。

"为什么它们不待在窝里？"老佐问。

"可能是试飞阶段的幼鸟，由亲鸟带着到处觅食，所以这里待一晚，明天就不见了。明晚我们可以来看一下。"我想了想，这样分析道。

这个岔路口，还真是个风水宝地，我们很快又找到几只停在草丛里休息的蝴蝶、闭着眼在树叶上睡觉的蜥蜴、羽化中的螽斯，等等。在一条水沟的落叶上，我还发现了几只白蛾蜡蝉的若虫，我估计它们本来是待在高高的树枝上的，结果随着树叶落到了水沟里，不知道它们是否还能顺利长大并羽化。

等我们回到和蛮部落，露台上已是一派繁荣，在众多的蛾子乱飞的墙上，我发现了两种蚁蛉、三种螳螂，还有几只锹甲。地上还有蜢螂、

和树叶一起落下的白蛾蜡蝉的若虫

黑蜣等我不太喜欢的甲虫。有几只硕大的金龟子引起了我的注意，一时还没想起它的家族。

就在我们不慌不忙，慢慢欣赏这些访客的时候，又一只硕大的金龟子呼啸而至，它在灯前的空中悬停了几秒钟，就重重地摔在地面上，四脚朝天。我把它翻过来，定睛一看，呆了。原来这家伙头部长着足足五个长角，十分威武。原来是犀金龟啊，前面的无角的硕大金龟子，是它们的雌性。通过微信，昆虫分类学家张巍巍立即确认，这就是细尤犀金龟，俗称五角大兜，很受昆虫爱好者欢迎的。

正如我之前遭遇过的甲虫雨一样，五角大兜的大部队在几分钟后浩荡而至，这个露台四处"啪啪"作响，全是这些笨家伙摔落的声音。很奇怪的是，它们摔落时全部六脚朝天，无一例外。这时，布上面又来了只蜂一样的东西，老佐看了一眼，警告我，这是夜蜂，蛰一下要痛很久。我护着头大概看了看，有点扛不住五角大兜的空中轰炸，就狼狈地撤退了。

五角大兜

　　经历忙碌又兴奋的一天一夜，我早上快八点了才醒。躺在床上，不知怎么就想起那只老佐说的夜蜂，然后感觉有什么不对。其实晚上三点多我又去灯下察看了虫情的，只顾看螳螂去了，并没有仔细看看这只蜂。现在好好睡了一觉，头脑清醒了，我回忆了一下它的样子，不由得全身一个激灵，哪里是蜂，应该是螳蛉啊！

　　看看窗外，阳光都晒到了屋顶，怕是来不及了。虽然这么想，我还是飞快地翻身下床，直接上楼扑向露台。灯我已经在半夜关了，白布上空空如也，各路豪客已在朝阳中各奔前程，只留下零星的几个虫子。在白布的角落，这个长得像蜂的家伙，居然还安静地待在原地。我凑近一看，果然是螳蛉，一只个头很大、举着两柄斧头、威风八面的螳蛉。接着，在布的另一面，我又找到一只稍小的。居然到了这个时候，还有两只不同种类的螳蛉待在布上，实在是太罕见了。

　　早餐的时候，男主人杨文忠现身了。原来，他不是茶农，是戈新竜村委会的武装干事，当地人称杨武干。重点是，小杨还学过生物。聊天

锯粉蝶

聊到这个细节，我愣了一下，茫茫布朗山，我们随便找了一个地方落脚挂灯，主人碰巧是学生物的，这缘分不由得我不愣一下。

小杨详细了解我们的灯诱要求后，竭力推荐我们上戈新竜寨顶去，觉得会比这里的环境好很多。说得我们心动了，一拍即合。经商量，我们驾车穿过了几公里的保护区，一边拍摄一边走，然后经张家三队（也是一个布朗山名茶所在地）到戈新竜。小杨直接从小路上去，先办别的事，我们中午前在寨子里会合。

我和老佐很快进入了保护区，一切都是按计划来的，到了方便停车的地方，就下来四处看看风景，拍拍昆虫和植物。毫不夸张地说，我们简直像在仙境里走走停停，朝阳斜斜地穿过树叶，落在我们的前面，从任何一个角落看过去，都像风景画。

计划不是被美景，而是被一个肥料包打乱了。应该是有一个货车，拖着香蕉地里要用的肥料包路过，颠簸的行进中，车上的东西落了一包在路边。公路本来就是森林的空隙处，这样的东西太吸引蝴蝶和其他昆虫了。我们路过的时候，发现这里蝴蝶成群围绕着肥料包飞舞，赶紧把车停下。

我盘点了一下，有七八种蝴蝶和两种蛾类。其中的文蛱蝶是我最想拍到的，这种蝶我某年春节曾在野象谷附近远远逆光拍到一张，却从未靠近观察过。不过，虽然蝴蝶们沉醉于这人类的意外礼物，但毕竟身处森林，警觉得很。我们稍稍靠近，它们就一哄而散。退后几步，它们又卷土重来。如是反复，拍了很多不满意的照片。当我们反应过来时，已经晚了，我们错过了和小杨约的时间。

　　午饭后，我们驾车从小路往戈新竜开，一直是陡坡，开到半山，路况变得极差，整条路变成了深不可测的泥潭。老佐不信邪，硬着头皮开过去，才进泥潭几米，车就陷住了。好在他车技好，赶紧斜斜地换了个角度，把车倒了出来。

　　这条路能开过的都是本寨子的皮卡车，我看着他们驾车而过，左滑右拐，飘来飘去，总还是过了。过程让我叹为观止，

针尾蛱蝶

也看出了些门道。原来，他们对这条路熟悉无比，哪里是坑，哪部分路肩结实能承受车的重量，都了若指掌。就像老船工知道一条河暗藏的漩涡和安全的航道。怪不得寨子以外的车雨季前后都不敢开这条小路。

我们默默调头往回开，放弃了计划。

稍事休息后，我提着相机来到新竜桥桥头，想看看有些什么蝴蝶来访问这三条蝶路重叠的风水宝地，没想到灿烂的阳光中，却飘着小雨。我怕器材受损，不敢逞强。回屋换上了我的潜水奥林巴斯相机。这款卡片机的微距很强，防水，在不方便带单反的时候，我都随身带着它。虽然说手机摄影能力已经和卡片机不相上下，但是操控性还是卡片机好很多。

在有蝴蝶逗留的地方来回看了下，发现了一种从来没见过的斑蝶，它的前后翅都有规则的尖型白斑，像一组组箭头，很别致，一时想不起是哪个属的。我拿着卡片机慢慢靠近它，它敏捷地飞起，换一个地方再落下来，始终和我保持着两米左右的距离。卡片机需要比单反靠得更近，才能拍好。情急之下，我想起此行还带了一个神器的，那就是延长杆加迷你云台。上次雨季来勐海时，经常见到树干上有兰科植物开花，手却够不着，所以回重庆后琢磨了很久，买来两个器材组合用。

用手机遥控卡片机拍到的雨中
藜纹脉蛱蝶

卡片机由延长杆在雨中慢慢向这只蝴蝶推进，由于目标小，推进速度克制，它果然一动不动。我通过手机上的 APP 进行遥控拍摄，得到一组漂亮的特写照。后来上网一查，不由大喜，原来这不是斑蝶，而是蒺藜纹脉蛱蝶。这蝶在西藏、云南甚至川渝地区都有，但我野外拍摄多年，一次也没见过。此次借助卡片机和神器的配合，得来全不费功夫。

　　拍蝴蝶时还有个奇遇，当时，听到后面一只母鸡很激动地叫个不停，难道它在马路旁下了一个蛋？

　　我回头看了一眼，居然是一个难得见到的画面：一条直径约两厘米的蛇直直地昂着头，正和一只母鸡对峙。母鸡一边愤怒地叫着，一边用摊开的翅膀保护着几只小鸡。估计是蛇想偷吃小鸡，被母鸡发现了。

　　画面很有趣，我赶紧把相机伸过去拍，可能我的动作稍大了点，惊动了主角，它突然溜走，钻进了路边的石头缝里。我一张照片还没来得及拍，只是看清楚了它膨大的头部后部下面的眼斑，竟然是一条半大的眼镜蛇！怪不得母鸡这么紧张。

　　第一次遭遇眼镜蛇，却一张照片没拍到，我很不甘心。它和母鸡对峙的地方是一幢木楼的一角，我估计它还会出来，就在木楼的台阶上坐下，一边观察有什么路过的蝴蝶，一边用余光盯着它消失的洞口。但是一个小时过去了，它却再无踪影。

黄边圆锹甲

斑叩甲

丽叩甲　薛云摄

蜡蝉

　　当晚继续在露台上挂灯，小杨看了看我们前一天的照片，乐了，指
着五角大兜说，这东西好吃哦。以昆虫为美食，是勐海各族民众世代相
传的传统。五角大兜在布朗山的种群数量如此密集，自然早就被布朗山
人盯上了。小杨曾经在朋友家里吃过，美味得很。他摩拳擦掌，说今晚
如果还有五角大兜，他就要抓了。

　　说实话，甲虫雨虽然壮观，但满露台乱爬的犀金龟，多少有点影响
我观察别的昆虫。小杨要把它们捉了，相当于帮我清场，求之不得。

　　灯光下，五角大兜如约而至，不比前一晚少。小杨把它们一一捉进
一个纸箱里，露台上清爽了不少。虽然在同一个地点挂灯，但由于各种
因素的影响，每晚来的访客还真不相同。今晚来的锹甲有三种，螽斯有
五种，和前一晚基本不重复。

　　最丰富的是螳螂，上灯的除了常见的几种外，颜值很高的小型螳螂
还真不少，个个清秀飘逸。我花了不少时间把它们记录到镜头里，通过
微信，螳螂达人吴超迅速帮我锁定了它们：云南黎明螳、云南矮螳、越
南小丝螳、褐缘原螳和一种姬螳。其中的云南黎明螳和越南小丝螳几乎
是半透明的，特别纤秀。

　　近午夜时，我在小杨的脚后跟旁，发现一只形状特别清奇的东西，
像一小截枯树枝，却不停地来回晃动。"别动！"我大喊一声，生怕他

梯螳蛉

越南小丝螳

卒鑫

一后退，就踩坏了这小东西。

我小心翼翼地把枯树枝捧到手里，举到灯下一看，这是箭螳啊。我在婆罗洲丛林里，曾有机会接触到螳螂的这个奇特的家族，它们的共同特点是修长如箭的身体，颈部超长，腹部超长，而且动作优雅，从容有如深山里的文人。这只箭螳整个身体像枯树枝，身体还四处带着残破的叶片。我把它放到几根悬挂着的枯枝上，退后几步，连我自己也很难把它再找出来。它的拟态太出色了。

经吴超确认，这是梅氏伪箭螳，非常罕见的螳螂种类。据《中国螳螂》，箭螳科中的伪箭螳属国内只有一个种，就是梅氏伪箭螳。这个种也只在西双版纳发现过，分布情况尚未探明。该书编辑时，这个种不要说生态照，连标本照也没有。可见，在野外接触到它的人是很有限的。

我一直工作到一点钟，实在困得不行了，才进屋。

梅氏伪箭螳

梅氏伪箭螳（特写）

颜蜡蝉　薛云摄

开花的黄葵

　　拉开门，刚进去，就觉得有什么不对。定睛一看，眼前是灾难大片才能看到的场景：吊灯下面十几只五角大兜狂舞，就像有一堆金色齿轮在空中飞旋。不间断地，从房间的各个角度，发出它们撞击到墙、地板和玻璃窗上的混乱声音。地上到处是仰面朝天的犀金龟和它们乱蹬的脚。我好不容易才在角落里找到小杨的那个纸箱子，原来露了一条缝，五角大兜从这里来了个胜利大逃亡，全跑出来了。

雾中的树林

Chapter seven

雨季尾巴下的苏湖

为了找到雨季和旱季的交接点，我把勐海的历史天气资料研究了一遍，发现很多勐海朋友说的九月底雨季结束，其实并不准确。2011年以来的所有十月，都是雨晴交错的，令人安慰的是，总算结束了九月之前十天连雨的盛况。按照我查到的数据，直到十一月中旬，这样的雨季和旱季的相持才算结束，阳光自此彻底占有勐海的茫茫群山。

十月的一天下午，一场短暂的阵雨之后，我和张巍巍驱车不慌不忙往苏湖林区开，在帕宫村前，我们停车，俯视云朵下的勐海县城全景，也顺便看看这一带森林和庄稼地过渡区的物种情况。

张巍巍是从马来西亚直接飞昆明再转西双版纳来的，在我的动员下，这位著名的昆虫猎人终于同意参加我的田野调查，一半出于友情，一半出于对勐海县保存得很好的热带雨林的浓厚兴趣。

他还给自己设定了个目标，在此次考察中争取找到天使之虫——昆虫界最关注的物种之一缺翅虫。他现在也许是世界上在野外采集到缺翅虫种类最多的人，何妨再增加一两种。因为2017年我国昆虫学者在西双版纳发现了缺翅虫，还是人类未曾知晓的新物种，把中国的缺翅虫种类增加到五种。这种缺翅虫被命名为黄氏缺翅虫。张巍巍认为西双版纳应该有着更广泛的适合缺翅虫生存的环境，勐海县很可能就在这个范围里，在这里找到黄氏缺翅虫的新分布甚至新的缺翅虫都是有可能的。

我们一前一后在乡道上走着，有时还走进林中小道。经历漫长雨季的树林里，弥漫着水气和一丝独特的气味，我把这种气味称为青苔味，其实它是潮湿的树皮、苔藓甚至腐败的落叶共同散发出的气味。

我们找到了不少昆虫，多数是我在勐海前期考察拍过的，张巍巍记录了一些。由于没有特别精彩的，我们主要是散步和聊天。聊着聊着，

张巍巍在倒卧的朽木上寻找缺翅

我发现他此行的目标又增加了两个：第二个是采集我在布朗山拍到的梅氏伪箭螳，因为他在婆罗洲虽然见到了不少箭螳，但在国内还没有见过；第三个是看看布朗山人是怎么吃五角大兜的。这三个目标，除了最后一个，前面两个我都觉得很难实现。缺翅虫要是容易找到，为啥绝大多数昆虫学家没有在野外见过它们。至于梅氏伪箭螳，我觉得能碰上纯属侥幸，难道这样的幸运还可以再来一次？

不久，我们入住苏湖管护站。担心晚上有雨，我依旧把灯挂在车棚里面，张巍巍则忙着洗他在婆罗洲积累的脏衣服。

天快黑的时候，我开了灯，泡了壶茶，优哉游哉地看着夜空，很好奇这个季节会来些什么东西。也就是这个时候，我听见张巍巍和女护林员姚云湘在大声说着什么，他的声音听上去有点绝望。走过去一看，只见张巍巍端一盆衣服，穿着短裤和拖鞋，站在自己门外，一脸无奈。原来，他不小心把钥匙锁屋里了。

展翅中的五角大兜雌性

苏湖管护站管护区域内的阿鲁寨子 佐连江摄

这下麻烦了，我们都住的一楼的房间，后窗有竖立的细铁棍，翻不进去，而这茫茫大山里，绝对不可能找到开锁匠的。入夜温度会迅速下降，短裤的他还能站多久？没有屋里的器材和工具，他也无法工作。在场的人都有点着急了。

我突然想起，70年代的时候，我们都住平房，后窗也有这样的竖铁棍防盗。但是防不胜防，很多家仍然经常被盗，因为小偷发明了"钓鱼盗窃法"，就是用系着铁丝钩的竹竿，伸进屋去，勾走主人的衣裤。这个已经消失的技术，是不是可以拯救我们的昆虫分类学家？

姚云湘迅速找来了竹竿和铁丝，我把铁丝系好后递给张巍巍。据他的回忆，钥匙就在桌上的。张巍巍不愧是昆虫猎人，眼力好，手稳，他先用竹竿拨开桌上挡视线的东西，然后很顺利就用铁丝钩勾住了钥匙。但是，让人很不踏实的是，铁丝做成的钩比较细，钥匙在上面晃晃悠悠，让人心惊肉跳。果然，竹竿一抖，它在靠近窗口的地方落了。我们只好又找了根短棍，又照样做了个铁丝钩。几经周折，钥匙终于到了手里。在场的人都松了口气。

眉开眼笑的张巍巍提着相机，出现在灯下，此时，白布上造访的客人已经很多了。

最先引起我们注意的，是一只大小和外形接近斑衣蜡蝉的蜡蝉，头部有着鲜艳的黄色，我们都是第一次看到这个物种，拍了些照片。然后我把精力花在了拍草蛉上面，这个半透明的小祖宗平时是最不好拍摄的，老喜欢躲在树叶下面。灯光下，同样好动得令人绝望。所以，我一般放弃了拍摄它。但是，今天晚上来了一只优雅安静的草蛉，它自己停在灯旁的枯枝上，只上下左右舞动着长长的触角。为了镜头能有一个好角度够着它，我单腿跪地拍了很久。起来的时候，感觉已经走不动路了。过了很久，我一看到这几张照片，就会感到脚有点发麻。当然，这是后话。

夜雨不时袭来，温度降得很快，夜雨其实还算是个对灯诱有利的因素，本来安静休息的昆虫，会受惊飞起，继而飞向附近的灯光。

张巍巍一边拍摄资料，一边采集标本，很满意地说："蛾子来得真

草蛉

不少。"的确，仅天蚕蛾就来了好几种，和雨季里灯诱来的还完全不一样。有一种天蚕蛾，是粤豹天蚕蛾的近似种，它后翅的眼斑上，眼睛像是闭着的，还有一弯白色的眉毛，粤豹天蚕蛾相同位置的眼斑就没有这个。说到眼睛闭着，还来了一只名叫闭目天蚕蛾的漂亮家伙，估计闭目是指前翅的眼斑，后翅上的眼睛倒是瞪得很大的。闭目天蚕蛾倒过来看的话，很像一个诡异的娃娃脸，除了眼睛，鼻子嘴巴俱全。

这真是丰富的一个晚上，我记录了好多从未见过的蛾子。实在困了，就回房间睡会儿，再起来工作。直到凌晨，都还有些奇妙的访客。其中最有趣的有两个：一是来了只纤细的螳蛉，精致又活泼，后来确认是汉优螳蛉；一是宽铃钩蛾。后者是著名的网红昆虫，它的左右前翅上惟妙惟肖地被造化之手各画了只蝇，它们头朝下，很香甜地吃着不便表述的东西，所以被网友们直接称为二蝇吃屎蛾。

早晨起来，林区里一直下着小雨。

在短暂的间隙里，我们两个出去逛了逛，发现这个季节，那些大树上的附生植物，依旧还开着花。我赶紧回屋，取出我的延长杆加云台，把卡片机伸到空中去拍花。还真管用，记录了好几种植物。要是没这个东西，也只能踮着脚尖看了。其他的时候，就只好待在房间里整理照片了。

中午，听着雨声，美美地睡了一觉。醒来的时候，雨已经停了。

我带上相机，出去走了走，发现连小路也不是很湿，干脆选了一条路，径直走进去。走了几十米，身边开始出现了雾气，越往里面走，越浓。在没雾的时候，这姿态各异的树已经够美了，但现在，它们只呈现长满兰花或别的附生的植物的树干，整个身体隐身于浓雾中。我站在一组巨藤前面，几乎就是置身于一幅奇异的画，藤干翻滚着，而充满整个空间的雾就像是它们的头发。

我继续往树林深处走，随着我脚步的移动，整个画面都在发生着变化。我置身其中的，是多么美丽而又不可思议的变化，仿佛一次奇异恩典。我有一种突然而至的自信，第一次感觉到的自信。以往，当我面对

闭目天蚕蛾，倒过来看是一个娃娃的脸

黄豹天蚕蛾

宽铃钩蛾

汉优螳蛉

大自然的绝美时，总有一丝惶恐和羞愧混合在心灵深处的震撼中，总觉得这是人类毁灭性改造地球的劫后余生的绝美。这一次，我无比相信这些谦逊而伟大的生命，和我有相同的来源，我们只是经历了不同的进化而延续至今。我们是同一本书的灿烂篇章，有时隔着高山大海，有时，在某个山谷擦肩而过。而我，终于有机会和它们同处于此刻，有机会记录它们的美好瞬间，这也是奇异恩典的一部分。

不知道走了多久之后，起风了，在丝丝凉意中，雾开始迅速消散，

洁蝉

霉斑天蛾

斑悲蜡蝉

周围树林一点一点呈现出来，犹如镜头里的风景随着手动变焦环，从模糊变得清晰。我回到现实中，开始工作，小心地寻找树林里的有趣物种。

树林里开始有了阳光，一棵倒卧的树干上，长满了苔藓，就像一个绿色的舞台，舞台中央出现了一只圆翅锹甲。我简直不敢相信自己的眼睛，这场景，就像专门为我布置出来的，主角、舞台、背景都精心准备好了。我估计它其实是在雾中迷了路，无意中降落于此处，雾散了，它即将继续自己的旅程。在它起飞前，我赶紧按下了快门。

阳光里，我拍了不少小蘑菇。接着，在一棵树的树干上，我发现了一个奇怪的黄色的喇叭，刚开始我以为是蘑菇，凑近了仔细看，仿佛像是蜡质的，有一个喇叭口，但并无东西进出。

回到护林站，睡精神了的张巍巍也出来了，我给他看了看那只黄喇叭的照片，他一下子很兴奋："这是无刺蜂的巢的进出口！你看到蜂没有？"

我摇了摇头。

雄性鸟喙象

圆翅锹甲

刺蜂的蜂巢，出口处像一个蜡质的喇叭

无刺蜂携带蜂蜡修补出口

"可能巢被废弃了。"他有点失望。几天前，张巍巍还在婆罗洲追踪过无刺蜂，记录它们的更多生活细节。他甚至还特意给我带了点无刺蜂的蜜，据说很特别，带着一点酸味。他一直没有主动拿出来，我对酸蜂蜜兴趣不大，但对无刺蜂家族还是很好奇的，问过他不少问题。没想到，这么快我自己就在野外碰上了。

晚上，灯前没来什么新东西，布上就像拷贝了前一晚的情景。我们干脆拿上手电筒，去重走下午我走过的林间小道。

晚上的树林，谈不上热闹，其实比白天树干上活动的甲虫还多些，我们清点了一下，大概有四种，也不算特别。其中一只树甲还长得比较好看。

继续往里面走，一直走到了那个黄喇叭的位置，张巍巍仔细研究了一下，说无刺蜂巢可能还没有废弃，不过晚上不会出来，明天再来碰碰运气。另外，他发现了一些朽木，觉得也得白天来仔细查找一下，看有没有缺翅虫。

往回走的时候，我的手电筒光依旧在四下扫荡着，希望能找到什么。突然，光扫过一根树枝上，我看到上面有米粒大小的东西。手电筒光在那里停住了，是一只萨瑞瓢蜡蝉，我在海南岛的尖峰岭拍到过类似的。太开心了，这还是我在勐海找到的第一只瓢蜡蝉。海南岛的尖峰岭、贵州的茂兰、西双版纳的绿石林，都是很容易发现瓢蜡蝉的地方。但是说来奇怪，在勐海，这个庞大的家族似乎隐身了。瓢蜡蝉是我很感兴趣的类群，精致得像宝石，每一个种类都经得起挑剔的观察。

连续几天的劳顿，我有点疲倦，晚上便蒙头大睡。早上在院子里碰到张巍巍，他很灰心地说，一晚上也没来什么新东西，全是前一晚相同的。我松了口气，这场好几天来的第一场蒙头大睡很值，居然没错过什么，在勐海还是很意外的。

只过了几分钟，在餐厅再碰到他时，他又变得一脸兴奋："我们漏看了一个好东西。"

"是什么？"

萨瑞瓢蜡蝉

这只蜡蝉竟然身着迷彩服

"就在院子中间。"

我放下碗就往院子跑，老护林员王长生也好奇跟着过来看。

院子中间，一只天蚕蛾静静地躺在地上，长长的尾突飘飘若仙，再仔细看，竟然是一只大尾天蚕蛾——我从未见过的传说中的美丽物种。天蚕蛾里，尾突长长的有三种：长尾天蚕蛾、红尾天蚕蛾和大尾天蚕蛾。大尾天蚕蛾仅在西双版纳有分布，而且数量很少，极难遇见。一个看上去很失败的灯诱之夜，有了这个神物，可以说是瞬间逆袭了。

我和张巍巍正在感叹，就听见王长生很平静地在旁边说："我从二楼扔下来的。"

原来，他早上起来，看到窗外挂着这只天蚕蛾，就很厌恶地把它扔下了楼。他对蛾子可是从来没有什么好感。

同一只天蚕蛾，不同的人观感就是有这么大的差异。我们很庆幸王长生是把它直接扔下了楼，而不是拨到地上，再踩上一脚，像他平时那样。

收好大尾天蚕蛾后，趁着阳光灿烂，我们赶紧出门了。按计划，先去访问附近的那家胡蜂养殖户老周家，离管护站不远，我们步行一会儿便到了。

王长生扔下来的珍稀物种：大尾天蚕蛾

老周家独占了一个山头，饲养胡蜂的小棚，沿着小道两侧，密密麻麻，均匀分布在他家附近，每个小棚下面都有一个足球至篮球大小不等的蜂巢。他们养的胡蜂是虎头蜂，十分凶悍，所以护林员和附近的村民，不管进山还是巡山，都远远避开这个山头。

　　我们不敢大意，只远远地拍了几张蜂巢的照片，就回到了小路上。可能正因为无人敢来，也可能是主人有意种植，小路两边的树上密布着各种石斛，即使是十月，也有金黄色的石斛开花。

　　老周热情地接待了我们，带我们参观他们的产业，说主要是儿子在搞。他们专门蓄养了青草，青草用来喂养蝗虫。果然，几个大棚里全是体形比较大的亚洲飞蝗。成虫除作为美食销售外，更主要是作为虎头蜂的食物补充，因为季节不同，虎头蜂的食物来源也不一定都充足。

　　我突然想起，在密密麻麻的虎头蜂棚区里，还看见几个蜜蜂巢，就问

竹斑蛾

人工饲养的虎头蜂的蜂巢

老周，难道你们家的虎头蜂不攻击蜜蜂？

老周解释说，会的，虽然是同一家主人，虎头蜂才不管这个，不时去捉几只回巢交差。所以，这些蜜蜂巢，产蜜虽然不行，但也补充了虎头蜂的食物来源。

饲养虎头蜂的经济价值，主要是其蜂毒。据说含有蜂毒的药酒，治疗关节炎效果很好，所以销售不错。估计这家人的虎头蜂产品，主要还是药酒，因为我在他们家后院看到了烤酒的全套设备。

参观了一圈，我们很感叹，他们家的产业还真是形成了一个闭环，把产品所需要的资源全掌握在自己手里了。在老周家喝了一会儿生普，茶很好喝，我们却不敢久坐，喝了几口就匆匆赶往昨天去过的树林，还有很多工作在等着我们呢。

张巍巍昨晚已经记住了几截枯木的位置，他要一处一处仔细寻找缺翅虫。

我想了一下，和他一起翻树皮，不如直奔那个黄喇叭，我希望能看见无刺蜂。

无刺蜂是蜜蜂科单独的一个属，无尾刺，攻击力来自它们强大的口

大棚里的亚洲飞蝗

器，不过，由于它们体形太小，就是咬人也不会让人感到疼痛。正如张巍巍所说，有些种类的无刺蜂的蜜是酸味的，所以又叫小酸蜂。无刺蜂是热带蜜蜂，我国仅有的十多种主要分布在云南、海南和台湾。据说，如果温度低于10℃，室外的无刺蜂会直接冻僵掉到地上。

无刺蜂的蜂巢出口——黄喇叭上，依然是空荡荡的。我有点失望，但并不死心，调整好相机参数，测试好闪光灯，就静静地守着了。几分钟后，一只蜂从里面钻了出来，爬到喇叭口，扇了一会儿翅膀就飞走了。由于有准备，我的相机捕捉到了这个画面。

黄喇叭又重新安静了，又过了十来分钟，出来了三只蜂，我通过镜头看到，它们的后腿都带着半透明的黄色物质，它们并不飞走，而是用后腿在喇叭口蹭来蹭去。我困惑了一小会儿，马上反应过来了，它们这是用从巢里带出的蜂蜡在修补喇叭呢。昨天，在推敲它是不是蘑菇时，我用手轻轻捏了一下，难道造成了细小的破裂，它们正是来修补伤口的？当然，也可能保养蜂巢的出口，是个日常工作，和我的冒失全无关系。

等到张巍巍一无所获，也来到这里时，蜂巢出口一只蜂也没有了。见我拍到了，他也没有再等，我们转往下一个目标。昨天晚上他在好几棵树的树干上，发现了类似于蛛网的细小网，他分析是足丝蚁。对于足丝蚁，除了在书上看见过简单描述，我从未见过。我们商量好了，留出时间来寻找这个小东西。

足丝蚁属纺足目昆虫，可以说在绝大多数人的视线之外，它们群居，共同生活在树皮缝、石头或苔藓下的穴室里，穴室附近有通道可供来往进出，这些通道都一律隐藏在细密的丝网后面。那么问题来了，丝网是怎么来的？它们又不是蜘蛛，难道还会吐丝？是的，这是一个能吐丝的昆虫家族，它们的前足膨大内有丝腺，通过附足进行吐丝。

跟在张巍巍后面，看他如何寻找足丝蚁，这才明白，原来树皮缝里那些我以为是蛛网的，其实就是足丝蚁的巢穴。他用镊子，轻轻撕下一层丝膜，下面就露出了一些丝质通道，褐色足丝蚁就现出了真身。若虫

足丝蚁若虫

足丝蚁成虫，雌性，无翅，前足的膨大部分很明显

树干上的足丝蚁丝道

正在切割天蛾身体的胡蜂，全身都落满了天蛾的鳞片　　　　另一只胡蜂已把最有价值的天蛾腹部切下，准备起飞带走

半透明，不到 5 毫米；成虫体色较深，有的足足有 9 毫米以上，比书上所说的更长。它们从不给我们仔细观察的机会，一旦暴露，就沿着通道各自逃去。我们花了一个小时，才拍到全套资料。

午饭前，我们回到管护站，发现这里有着另一场忙碌：各种胡蜂群聚在大门外，灯诱造成的蛾子尸体，被扫到这里，给它们带来了特别方便的食物。

这还真是观察胡蜂取食的好机会，我蹲下来，盯住了一只胡蜂。只见它正在处理天蛾，天蛾远比它的身体大，所以它把口器当成了切割机，切得鳞片纷飞。看来它早已熟悉了天蛾的结构，一分钟不到，就熟练地把肥大的腹部从身体上切割下来。头上沾满鳞片的胡蜂，试着咬住天蛾腹部起飞，试了几次，终于摇摇晃晃带着它的战利品飞向了老周家的方向。难道它们就是老周家养的虎头蜂？

我恍然大悟，难怪在这一带的地上，经常看见天蛾头带一对翅膀，原来是胡蜂干的。

不过凡事也有例外，在继续观察了很多次切割后，我也看到一只胡蜂直接剪下了天蛾的头带走了。难道这是一只刚出道的新手？

鬼针草与食蚜蝇

浓雾深处看蚌岗

　　十月，一个晴朗的下午，我们驱车经勐宋乡，向蚌岗出发，穿过很多茶山，沿公路盘旋而上。

　　纳板河流域国家级自然保护区是我国第一个按小流域生物圈保护理念规划建设的多功能、综合型自然保护区，蚌岗管理站是它最西边的前沿哨所，处在实验区范围。整个保护区以纳板河流域为主，从西向东横跨勐海县勐宋乡、勐往乡和景洪市嘎洒镇。虽然蚌岗处在实验区，一般来说物种资源不如核心区，但由于保护区地势西高东低，勐海县的最高峰就在蚌岗附近，蚌岗管理站在保护区内海拔相对较高，加上处于陡峭山顶，原始森林保存完整，所以在我们看来，考察价值极高。

但是蚌岗管理站，真是个特别的地方，山下阳光明媚，车开到它附近时，窗外突然雾气弥漫，近山远山都不可见。

我们到达管理站，停车，下来一看，不由一阵惊喜。原来这个管理站，紧靠着原始森林区的出口，周围并无村寨和人家，不管是灯诱还是步行进森林考察，都极为有利。

管理站是有夜晚照明灯的，一般来说，这样的灯下总会有些逗留不去的访客。我们在灯杆下看了看，找到一只从未见过的中型黑色锹甲、一只雄性五角大兜。

不一会儿，下山采购物资的管理站工作人员海山赶了回来，这个强壮、英武的汉子，高高兴兴拿出勐宋当地的茶，开水一冲下去，就闻到了香气。勐宋也是一个著名的茶区，那卡、滑竹梁子的茶都很不错的。喝茶吃饭时，海山给我们介绍了很多纳板河保护区的情况。

饭后，我们先挂好了灯，因为已开始下雨，我们把灯挂在了棚子里。

不一会儿，就有些昆虫上灯了：一些小甲虫、一只绿色的蝼蛄、一只鬼脸天蛾和一些尺蛾。让我们大吃一惊的是，还来了两只雄性的蝎

大圆翅锹甲

蠬蛄

飞到灯下来的蝎蛉，还真少见

蛉，它们在灯前晃了一下，就落在潮湿的地面。在无数次的灯诱中，这还是第一次看到蝎蛉出现。

到了晚上十点钟，雨停了，还没有什么特别有意思的东西出现，我们提了相机，干脆沿着公路走进林子里去碰碰运气。

还别说，运气还真好，走了不到 30 米，就发现好东西了。我先是用手电筒扫描路边的灌木，考虑到刚才一直下雨，碰到阔叶我就低头再仰着脸，看看有无在叶子背面躲雨的昆虫。果然，在一片芭蕉叶的背后，我发现了一只翅反面黄色带条纹的蚬蝶，拍摄过程中，惊动了它，它掉下来不见了。还好，我很快又在沙地上找到了它，这下看清楚了，翅面特别是后翅带红色，原来是相当珍稀的红秃尾蚬蝶。此蝶仅在西藏和云南有发现，而且在我所查到资料里，西双版纳并无它的记录。

"快过来。"我还沉浸在初遇红秃尾蚬蝶的欣喜中，张巍巍就在不远处给我做着手势。

红秃尾蚬蝶

看样子有发现了。我赶紧过去，发现他正在拍摄的是一只锥尾蟊斯。只见它有着湖蓝色的身体，金黄色的足，简直像一个玉雕作品。这一件作品是有呼吸的，它的触角始终有一根不时朝着我的镜头方向扫动，说明已感觉到这个方向有异常，它犹豫了好一阵儿，还是很坚决地往前一跃，消失在灌木丛中。

继续沿着公路向前，在我们头顶上，也有悬钩子等植物下垂的枝叶，用手电筒一路扫过去，发现昆虫还真多。一只有着半月形前胸背板的缘蝽，在悬钩子叶上一动不动，仔细看，前胸背板上还有整齐的皱纹（后来确认为哈奇缘蝽）。在同一片叶子的枝头嫩叶处，还有两只龟蝽。再往上看，哇，一只盾蝽在手电筒光下反射出强烈的金属光泽，这只盾蝽的前胸背板侧角尖锐如刺，从色彩到形状都很漂亮。我小心翼翼踮起脚尖，够着这根悬钩子植物的枝条，慢慢往下拉，代价很大，手被悬钩子枝条上的小钩刺得很痛，整个枝条的水珠在震动中滚落下来，落在我的脸上和肩上，冰凉冰凉的。我忍受着继续往下拉，因为一松手，盾蝽就会被弹射出去。终于，它完整而清楚地出现在我的视野里：背板仍然挂满水珠，这些水珠像放大镜一样放大着它的某些局部，给全身的金属

缘蝽

荔蝽

质感又增加了梦幻意味。这是一只比较罕见的角胸亮盾蝽，嗯，名字还很准确生动。

早上，小雨还在下着。张巍巍可能昨晚守的时间长，还在休息，我独自驾车往森林深处开去。下雨的时候，我开车沿着公路去浏览一下，反正有的是时间待在管理站喝茶。

车缓缓前行，穿过一团又一团薄雾，这条路出奇的安静，没有人，也没有车来去。公路似乎是先缓缓向下，然后就盘旋加速，一头扎向下面的山谷。也就是说，管理站几乎位于山地森林最高处，而公路有大约三公里穿行于森林中。下行到一条溪流前，森林也在那一带缓缓止步，把无边的空间让渡给茶山。这三公里都有小道可以进入森林，有的明显是往比公路还高的地方去的，有的则是溯溪而行，可惜雨水太多，人没法进去。

穿完森林后，我又继续往前开了几公里，无意中发现，雨已经停了，雾也散了，才调头往回开。但是说来奇怪，开进森林后，雨仍在

角胸亮盾蝽

锥尾螽

下，而雾仍未散。

　　实在忍不住，我找了一个相对宽敞的地方停下，在若有若无的山雨中，假装天已放晴，开始寻找昆虫。

　　天还真就逐渐晴了。天一晴，还出现了阳光，蝴蝶随之出现，视野里能看到好几只。我看了一阵儿，没有特别想拍的，就继续低头，在灌木和草丛上搜索。雨后的阳光，是昆虫们等待已久的，它们会从藏身处爬出来，享受把身体晒干的过程。我的相机几乎没有休息过，一会儿拍蜻象，一会儿拍天牛，不知不觉一个小时就过去了。中间有一个插曲，是低头拍的时候，猛然间发现离脚不远处，有一条姿势奇怪的竹叶青，突然的遭遇吓了我一跳，定睛一看，是一条死的，可能是晚上横过公路时，被车压了，看上去刚死不久。

　　小雨在暂停了一个小时后出现，阳光也没了，我只好一路小跑跑回车上，开回管理站。

这半天最想做的事，就是随便找一条小路，慢慢走进去，但是挂满水珠的灌木太密，路面也泥泞，根本进不去。午饭前，实在忍不住了，径直朝管理站对面那条小路走去。这条路只能算野路吧，走的人少，只能从杂草稀疏的地方勉强找到路，好处是不泥泞，尽量避开太繁茂的灌木就行。

仅仅几步，就进入一个全新的场景。路两边的树上都长满了石斛，而且状态特别好，我能想象到它们春天开花的样子。继续往前，出现了豆娘，附近应该有溪水，但是距离不会很近，因为我蹲下来听了一阵儿，没听到流水声。

红娘子

另一根枝条上，发现更多
的红娘子

走着走着，没有准备地进入了红娘子的地盘，最先发现的一只躲在一片宽大的叶子下面，这可是避雨的好地方。这是一种娇小的蝉，观赏性很强，它的翅膀黑褐色，额部、背板和腹部是鲜艳的红色。黑红色本来就是经典搭配色，在它纤细的身体上，代表着热烈和稳重的两种颜色保持着绝妙的平衡。很快，我又发现了第二只、第三只……看来，这是被红娘子偏爱的地方。

如果是晴天的话，这条路的前方应该还可以继续探索，我正有点犹豫，就听见海山在喊吃饭了。我回到公路上，一边清理裤脚上挂满的草籽，一边提醒自己，下次一定要好好走走这条小路。

海山弄了一桌超好吃的土菜，可我们还是飞快地吃完了，因为窗外阳光灿烂，好不容易在蚌岗等到了阳光，坐着慢慢吃饭岂不是太浪费了。

下午的计划是沿公路进树林，在此之前，我先跑到对面那条小路的路口看了看，因为那是一个蝴蝶必经之道。并没有发现什么蝴蝶，倒是在一片悬钩子叶子上发现了一对交配的角蝉，它们的交配姿势让我很意外。一般来说，角蝉所属的半翅目头喙亚目（蝉、蜡蝉、叶蝉、沫蝉也属这个亚目）的物种交配时都是头同向、尾部交错进行的，姿势很优雅，不仔细看根本不知道它们在交配。而这对角蝉是头部各朝一边的，用的是蝴蝶最常用的交配姿势。出现在照片里，这样的姿势倒是比错尾好看多了。

沿公路而行，我们又在好多处灌木上发现了同种角蝉，也发现了一对交配中的角蝉，它们正是用的头喙亚目物种的标准错尾姿势。

走过头顶挂满悬钩子藤的那一段后，远远的，我看见路边的草丛上出现了一些金黄色的果实，非常醒目。这一段昨晚走过，上午开车也在这里停过，不记得什么果实啊。疑惑地靠近一看，哪里是果实，是一种黄色的盾蜡！只见它长约2厘米，椭圆形的身体，头部中间有黑斑，如果从头部看过去，不就是有黑色柄的果实吗？看来看去，眼熟，它应该就是盾蜡科的丽盾蜡。丽盾蜡的若虫和龙眼鸡的口味很接近，最喜欢荔枝和龙眼树的树汁，它们获得的染料，也应该和它们吸食的树汁有关。

交配中的角蝉

丽盾蝽

莽蝽

　　接下来的一个多小时里，拍到十来种蝽类，如果加上前一晚拍的，蚌岗森林里的蝽类物种真是丰富，在我们发现的昆虫中占有很大的比例。

　　可惜，蚌岗没打算给我们一下午阳光，三点左右，小雨又开始了，我们只好调头回管理站，我估算了一下，我们的折返点大约只有 1.5 公里。

　　下午我在管理站的大棚里，一边喝茶，一边整理照片和笔记。虽然蚌岗一直下雨，但一天多时间里拍到的物种还真不少，连顺便拍的兰科植物都有十来种，这茶喝起来，就有点美滋滋的。如果蚌岗能有几日连晴，那又会如何？我觉得蚌岗森林真是一个非常非常适合考察昆虫的地方，在好的季节，一定会有更多的神奇物种被我们发现。

　　就是下雨的间隙，也不好寻找昆虫了，因为管理站的前前后后，都被浓雾笼罩。我在附近转了转，只找到一只硕大的螽斯，身体酷似一片绿色的树叶，前足若有若无地布满浅色斑点，整体很耐看。除此之外，没找到什么。

　　"雾天灯诱效果很差吧？"我问张巍巍，因为从来没有在雾天挂过灯。

"恰恰相反，很好！"他肯定地说。

"为啥？"

"因为雾会层层放大灯光，就像加了一个放大镜。"

"是吗？"我受到了鼓舞，虽然仍有点半信半疑。昨晚睡得很舒服，我打算今晚好好守灯，看看能来些什么昆虫。

刚开始的时候，张巍巍说的放大作用我并没有感到，因为几乎没有昆虫上灯。我只好埋头读纳板河保护区的相关资料。

灯点亮一个多小时后，才零星来了几只小虫，其中一只让我眼睛瞪圆了，是一只身着迷彩服的蜻，再仔细看，它黄绿色的身体上，由黑色刻点组成了不规则的斑纹，这简直就是刺绣工艺啊！这是来自蜻科一个非常冷僻的属——莽蜻属，在以家族成员繁多著称的蜻科，该属在我国只发现了不到十个种类。

自从莽蜻来到后，有观赏价值的昆虫就纷纷前来报到，甲虫和蛾类来了不少。

凌晨三点钟，我等到了胡桃天蚕蛾，这个低调雅致的天蚕蛾，眼斑似睁似闭，是我一直期待在灯下相逢的物种。它总是喜欢凌晨来到，天亮时飞走，所以我好几次和它擦肩而过。

胡桃天蚕蛾

丽蜡蝉

　　凌晨五点钟，来了另一个喜欢迷彩服的家伙，是一只丽蜡蝉，它的前翅前半部和背板都布满迷彩，后半部则是半透明的。如果它停在长着苔藓的树干上，谁能发现它呢？其实，白天我还拍到一只同样有着迷彩服的叶蝉，在其他地方也是没有见过的。

　　这么多蚌岗森林昆虫选择了迷彩服，不是没有原因的，它们一定程度反映出了这里的自然环境。就是说，这是一个长满苔藓的潮湿世界。

　　清晨，蚌岗管理站笼罩在一片浓雾中。但是我相信，落差不小的蚌岗森林，靠近溪边那一带或许是一片清朗。所以，我们没有坐等雾散，而是驱车往蚌岗村方向开去。山下到一半，就开出了雾区，我们一直开到森林边缘才停车，那里有好几个路口，得好好地考察一下。

　　"褶蚊！"刚下车，张巍巍就惊喜地叫了一声。我凑过去一看，果然，一只肥硕的褶蚊六足张开，趴在竹叶上，再仔细看了看它的腹部环节，有金色的环圈，和我见过的褶蚊还都不一样。褶蚊是一个世人了解甚少的物种，只知道它们的幼虫生活在水里或潮湿的泥土中。正准备拍照，一阵风吹过，褶蚊消失得无影无踪。

　　张巍巍一边低头在附近找，一边咕噜道："附近应该还有，它们很少单独出现的。"不一会儿，他就找到了另一只，和前一只的腹部环节还有明显差异。张巍巍对褶蚊情有独钟，在重庆的四面山考察时，他发现了

褶蚊

两个褶蚊新种。我对蚊类的兴趣就有限了。确认记录完成，我转身就走。

"你对褶蚊兴趣不大啊？那这个呢，这个我没太大兴趣。"蹲在地上的张巍巍，慢悠悠地说完，很费力地站了起来。

我只好跑回去，看他说的是什么东西。

老远就看明白了。天！原来是一只长颈卷象。长颈卷象，可以说是昆虫里面的长颈鹿，如果说它的头像一盏被举到空中的路灯，那颈部就是长长的灯杆。都说在西双版纳，长颈卷象常见，其他人都经常见到，偏偏我一次也碰不到。

终于，在蚌岗见到我心仪的物种了。我屏住呼吸，缓缓移开挡住视线的杂草，迷你型长颈鹿原来就趴在一片纤细的草叶上。这个地方应该是它偶然停留的地方，记得我曾经查过资料，长颈卷象幼虫取食山桂花、水麻等，而这只是一株禾本科草本植物。为什么想找它的寄主植物？是因为我还真想看看它的幼虫是怎样卷叶子的，和别的卷象卷的小卷筒有啥不同。

长颈卷象

　　过了好久，我才追上张巍巍，我们来到了一个路口，这条小路穿过一片相对稀疏的树林，看来经常有人走，砂石路面还好。我说了句我进去看看，就抬脚离开了公路。

　　进树林才走几步，就发现一棵大树的树干，挂着几大团泡沫，差不多加起来有一个篮球大小。这是什么东西留下的？树下有水洼，难道是树蛙的卵？不过，我之前看到的树蛙卵的泡沫都更细密，这个泡沫相对稀疏。是沫蝉？但是哪有这么大的沫蝉啊，它们不是只需要比拳头更小的泡沫么。看了一阵儿，有点困惑，干脆把张巍巍喊了过来——一个人困惑，还不如两个人一起困惑。

　　张巍巍低头看了一阵儿，也很感兴趣，他猜树蛙的可能性更大。

　　必须得解密了。我们各拿起一根小树棍，一层一层地刮掉泡沫。首先树蛙就被排除了，因为它们的卵，刮开表面的一层就应该能出现像蜂巢一样均匀而密集的小格子，只是不那么整齐，而我们刮掉泡沫，里面仍是泡沫。

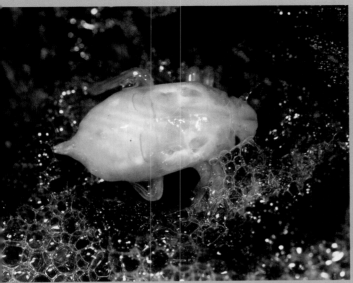

沫里的沫蝉若虫

树干上的大团泡沫

红锯蛱蝶

并脊天牛

褐点曙沫蝉

　　快刮到树干了，终于露出了一个半透明的硕大沫蝉的若虫。不一会儿，挨着它不远，又刮出了另一只。原来，是群居的沫蝉若虫，共同生产出了这几大团泡沫。可惜，我们无法判断究竟是哪一种沫蝉有如此大的若虫和群居的习性。这个谜团还得继续留给以后的考察来破解。

　　从树林里出来时，发现一辆小卡车停在路边，一群当地装束的女性有说有笑地往树林而来，原来这条路是她们经常走的。她们人手一柄椰头，不时蹲在公路边捡野栗子，然后就地砸开带刺的外壳，取走里面的果实。

我一直很好奇当地这种野栗子究竟好吃不，和板栗有什么不同，赶紧跑过去，找一个姑娘要了一粒，剥开后塞进嘴里。不甜，倒还有点面面的，很多淀粉的感觉。姑娘笑着问，还要不要。我摇头放弃了——这味道和板栗可就差远了。

"这个有什么用？"我问。

"烤酒。"她回答道。

原来野栗子是用来烤酒的。之前在好多树林里都看见带刺的外壳，一直以为有人就地砸开野栗子食用，原来果实只是被收集走了。

如果有机会，一定要试试野栗子酒的滋味，我想。

捡野栗子的姑娘们

幽雯眼蝶

绿点椭园吉丁 佐连江摄

纳板河保护区区域内的勐宋大安村雾境 佐连江摄

纳板河保护区区域内的勐宋大安村 佐连江摄

吴有着夸张"头冠"的股沟蚱

09

艳阳奇遇：再上布朗山

车离开蚌岗，只开了一公里，就开出了雨雾，来到一片艳阳下。从勐海大地离去的雨季，仍然把它的尾巴缠绕在蚌岗这个神奇的地方。

"奇怪，为什么找不到缺翅虫呢？"张巍巍自言自语着。

在苏湖林区和蚌岗林区，他没有放过任何一段可疑的朽木，在车出发前，他还蹲在一棵芭蕉树下，把一截从枯草中拖出的朽木彻底搜索了一遍。结果，意外的收获，是发现了一个庞大的白蚁家族。

我也没闲着，拍了一组这个家族兵蚁的照片。白蚁的分类，很多时候要靠兵蚁的特征来进行，因为白蚁在形态上是最千变万化的，还只有除蚁后之外的大个子兵蚁保持着形态的稳定，它们的头部特别是上颚的形状，几乎是家族的标识。兵蚁有两种：一种使用传统冷兵器，不同家族的发达上颚简直像一个冷兵器展；另一种就是我感兴趣的了，使用化学武器的喷射兵，它们的头部很像人类生化兵的装备，又有点像象鼻虫，可以直接喷射化学液体让敌人动弹不得。我特别想拍后一种，可惜这一次还是没找到。

"你所有的诉求，都可以在布朗山解决。"我一脸自信地安慰他。他此次考察的三大心愿：在西双版纳发现缺翅虫、找到中国箭螳、试吃五角大兜。其实我觉得只有最后一项完全没问题。野外发现缺翅虫，从来

文蛱蝶

文蛱蝶

蝶角蛉

都难如登天。箭螳，我在西双版纳考察十年，也就在勐海见着一回。但是莫名其妙的，在向布朗山进发的路上，放眼全是骄阳和森林，我突然有了盲目的信心。

说话间，车就到了布朗乡的新竜桥，我轻车熟路地把车停好了。看着小杨家的土司城堡，刚下车张巍巍还是有点意外，连连感叹。

小杨哪里也没去，就在屋里等着我们。"今晚一定要抓几只五角大

珍灰蝶

穆蛱蝶

兜，按布朗山的传统美食方法做，张巍巍要体验一下。"我一进屋，就赶紧落实张巍巍心愿。

"不抓都有。我们都留起的。"小杨一笑。原来，他听闻昆虫分类学家要试吃五角大兜，把处理好的虫子多数都存在冰箱里的，没舍得吃完。

一边聊着，我们又一起去看了挂灯的那个露台，简单而完美的地方，独对溪谷和莽莽群山，右边还有一片原始森林。

"唯一的遗憾就是灯上面无遮挡，所以我睡觉时都只好暂时把灯关了。"我说。

小杨看了看我挂灯的位置，说："这个简单，我来想办法，今天晚上就不用关灯了。"

果然，过了一会儿我去露台看，像变戏法一样快，灯的上方，已经多了一个透明的塑料小棚。布朗山人做事的效率就是这么高。

接下来，就是挑战女主人精心烹制的五角大兜了。去除掉头和背板的五角大兜，不再有半分凶悍，倒有点像巨型蚕蛹。我看着还是有点惊心，头皮发麻，不敢动筷，感觉比吃竹虫的压力大多了。

张巍巍面无表情，直接放了一只到嘴里，嚼了一会儿，露出了很满足的笑容。

"就是好吃。"一直观察着他的小杨松了口气，也捞了一只到嘴里，动作很熟练的样子。

我纠结了很久，硬着头皮挟了一只到碗里，深吸了一口气，才咬了一小口。原来这个巨型蚕蛹，中间是空的，肉没有想象的多，只是薄薄的一层。慢慢嚼，原来口感也像蚕蛹。我自小在嘉陵江边的四川省武胜县长大，那一带是丝绸之乡，蚕业的副产品就是蚕蛹，家家户户都吃。但是这个虫子比蚕蛹更香，有点像蚕蛹加上油炸花生米的香气。这样一想，干脆把剩下的整只虫子都放进了嘴里。

如果不是有入乡随俗体验一下布朗山人的美食文化的想法，真不敢尝试这个。

吃完饭，天已经黑透了，我收拾了一下相机和其他装备，急急冲向

网丝蛱蝶

云南丽蛱蝶

环带迷蛱蝶

橙粉蝶

灯诱来的拟叶螽

露台，看看灯下来了些什么客人。

还没走近，就看见灯下有一个蜻蜓模样的东西，时而飞来飞去，时而悬停在空中。

哈哈，蝶角蛉！这样的飞行套路我太熟悉了。总的说来，蝶角蛉的飞行能力不如蜻蜓，但是它的空中悬停能力，似乎比蜻蜓要强，它更擅长在相对狭窄的灌木丛和树下活动，而蜻蜓更喜欢在开阔地带巡航。

等它安静下来后，我看清了，这是一只裂眼蝶角蛉，裂眼亚科的物种比完眼亚科的相对多些。

当晚来了很多东西，锹甲特别多，我们过了一个忙碌的晚上，连开车进林子去夜巡，都是匆匆而回的，多少有点怕错过灯下的来客。

第二天，我们匆匆吃完早饭，准备进布农自然保护区，走到车边，才发现小杨已装备齐全地等着我们。原来，他早就打定主意要给张巍巍当一天助手，作为生物爱好者，这样的机会不可错过。

我讲了一下计划，先开车穿过整个美好的原始森林，一路观察朽木并记住大概位置，然后在林区出口折返再分别进行搜索。

“小心，那里有一个胡蜂的巢……这只蝽不错……鼠妇居然还有彩色的……”张巍巍的眼神真好，我们停留的每个点，他都能最先看到藏

黑鬼艳锹甲（长牙型）

得很好的小家伙们。

　　我们一路走，一路拍，时间不知不觉就过去了。其实，唯一让我印象深刻的物种是一种蝽，它的前胸背板向前夸张地伸出，在头部上方形成锥形的头冠。自带雨具的它应该最不怕下雨吧。再一想，昆虫其实都不怕下雨，那么，它这么夸张的形态上的进化是为什么呢？恐吓天敌？吸引异性？这还真值得好好琢磨。

　　我们继续向前，在公路边的一个斜坡上，有一根倒卧的树，那里的地面是苔藓的领地，树干和附近的石块都身披绿装，彼此莫辨。这正是张巍巍想重点搜索缺翅虫的地点之一，他和小杨准备在这里大干一场，一前一后就下去了。

　　那个狭窄的区域，已很难容下第三个人。我犹豫了一下，选择了沿着公路拍摄蝴蝶。此时接近正午，太阳已把公路晒得发烫，它散发出的有异于森林的气味，吸引来了各种蝴蝶。

　　有一只黄色的蛱蝶吸引了我的注意，它翅膀的反面由黄黑白三种颜色组成，醒目而讲究。这种我从未见过的蝴蝶，根本无法靠近。它如此警觉，我细微的动作也会惊飞它，而它再落下，已是二十米开外。跟了五六个回合，它都始终和我保持十米以上的距离。

张巍巍和小杨在发现缺翅虫的现场

　　我大致看清楚了，它应该就是帅蛱蝶，我在资料上看到过图片，自己从未亲眼见过。记得帅蛱蝶是夏天出现的蝶，为什么这个季节还有？难道是偶然仅存的一只？

　　虽然没拍到这只蛱蝶，但接下来我却人品爆发，平时很难接近的蝶，都一一拍到了：有着精致网纹的网丝蛱蝶、灿烂的文蛱蝶、拖着长长尾巴的珍灰蝶。每一种都是我百看不厌的啊！

　　正在感叹自己运气好的时候，电话响了，是小杨打来的："李老师，快来！"

　　没有多余的话，当然，也没有别的可能，只能是他们找到缺翅虫了。原来和我比起来，他们的运气还要好。我拔腿就往他们那个地方飞跑，这才发现，不知不觉我离他们已经有些距离了，估计有五六百米。

　　他们已经完成了搜索工作，开始往一个个小盒子里装树皮了，这些树皮里就有着昆虫爱好者都想一睹真容的缺翅虫。我提着相机，努力地挤进他们两人中间的空当。

　　喜形于色的张巍巍，指着树干上残留的树皮说："看，这儿这儿，正在爬的是若虫。这儿这儿，缝里有一只成虫。"

缺翅虫若虫

缺翅虫成虫

银线灰蝶

黑燕尾蚬蝶

四月初，布朗山仍在旱季中，笔者在溪边拍摄群聚的蝴蝶 王凡摄

我看了一阵儿，啥也没看到。一定比我想象的更小。我瞪大眼睛，一厘米一厘米地搜索更小的目标，终于，我看到了 0.5 厘米大小的幼虫——它头顶两串水晶珠子般的触角，白色半透明的身体，腹部有一点微黄——漂亮得像一件会呼吸的水晶艺术品。接着，我又看到了躲在树皮的细缝里的成虫，还真没有幼虫好看，如果不是事先知道这是大名鼎鼎的缺翅虫的话，很容易把它当成一只普通的蚂蚁。

三个人高高兴兴提着盒子满载而归，他们俩一身是泥，连脸上都是花的。

中午，我没和这两个精疲力竭的人商量，就独自提着相机出门了，我估计他们得好好休息一下。

正是艳阳高照时，明亮的阳光让我几乎睁不开眼睛。我在阴影处站了会儿，让眼睛适应一下。一只蛱蝶从我眼前飞过，停在一块石头上，不停地闪动，它的翅反面看上去旧暗如枯叶，但有些角度却呈现出精致的丝绸般的质地。很多人把它误认为枯叶蛱蝶，其实，它的大名叫蠹叶

蠹叶蛱蝶

蛱蝶。不知为什么，之前我在野外碰到的蠹叶蛱蝶都是残破的，还第一次见到这么完好新鲜的。

烈日曝晒着屋前的空地，蒸发出强烈的气味和水分，而沿着两条溪流和一条公路经过的蝴蝶，很容易被吸引过来。

欣赏了一阵蠹叶蛱蝶，我才发现它的附近有着一只更为罕见的蛱蝶，它的蓝色前后翅的正反面的边缘，都有着像闪电又像银链的线条。不过，它只是匆匆经过，停留了一会儿就飞走了。后来我从资料上查到了它，原来是电蛱蝶。

空地上还有一些别的蝴蝶，怕错过好蝴蝶，我仔细一一看过才离开。本想走过兴龙桥，去那边碰碰运气，没想到才走几步，就走不动了。一只硕大的灰绿色蝴蝶，在我面前悠悠落下飞起，又在不远处落下。丽蛱蝶！我的心怦怦地跳了起来。上一次来兴龙桥，就让我失之交臂，这一回不会再错过了吧。

我在云南及东南亚的野外多次看到丽蛱蝶，但是能靠近它仔细观赏的机会不多，所以看到的究竟是丽蛱蝶的哪个亚种并不知晓，因为它的

旱季，布朗山中常能看到蝴蝶群聚

肥角锹甲

亚种实在太多了。国内蝴蝶迷熟知的是它的云南亚种云南丽蛱蝶，云南丽蛱蝶被人们称为云南省蝶，早在 1963 年就代表云南省种类繁多的美丽蝴蝶上过特种邮票，而且是作为 20 种蝴蝶的压轴，放在最后一枚。

它又停下了，在蕨类植物的叶子边缘。我看清楚了它前翅分布着有规律的白色宽带，云南丽蛱蝶无疑。好像是有意给我观赏的机会，活跃的它竟在那里停住了，好几分钟后，才拉高飞走，向溪流对岸而去。

我的惊喜并没有结束，在新竜桥的另一头，当我全神贯注地拍摄着一只白带螯蛱蝶时，余光里发现托着相机机身的左手上，似乎停了个黄色的东西。我放下相机，一下子乐了，原来正是上午苦苦追踪无法靠近的那种黄色蛱蝶，它津津有味地吸着我手上的汗珠，没有任何要飞走的意思。

帅蛱蝶，竟然飞到我手
上来大吃大喝

果然不出我的意料，这是一只帅蛱蝶，我不敢乱动了，就这样伸着手，让它吃个舒服。它到了我食指上时，给了我极好的拍摄机会，于是右手举起相机，以天空和远山为背影拍了几张。足足有十分钟，我实在扛不住头上的烈日了，起身到附近的屋檐下休息。它对我身体的晃动不以为意，继续闷头大吃，真是可爱得像我的小宠物。

当天晚上，我们一边整理有缺翅虫的那堆树皮，一边继续灯诱。依旧是五角大兜笨重地摔到地上，依旧是很多种螳螂和螽斯，每个灯诱点，在邻近的时间里，只会更新一小部分物种。

深夜，快一点了，一直忙碌着的张巍巍叹了口气，说，我休息会儿去。我知道他为什么叹气，他还有一个目标未能达成——箭螳，连续两个晚上，这神秘的物种音讯全无。

布上还有我想拍摄的，我再拍一会儿，我说，有一只蚁蛉和一头螽斯，都长得很特别，我还没来得及作记录。

张巍巍离开约十分钟后，一个修长的身影飘到了灯下的地面上，像一支小巧的箭在风中抖动着，很熟悉的身影，很熟悉的抖动，我上次在同样的灯下见过，不会是别的昆虫，只能是它——一只梅氏伪箭螳。

螽斯若虫

猪金龟

猪金龟